当你遇到创伤时

[美] 哈罗德·库什纳 Harold S. Kushner 著
牛卫华 译

When
Bad Things
Happen to
Good People

华夏出版社

contents 目录

1　译　序

1　前　言　我为什么写这本书？

1　第一章　磨难不是善恶报应的结果

37　第二章　约伯的故事及其解读

59　第三章　有时坏事发生并无原因可循

73　第四章　偶然的灾难并不对好人例外

97　第五章　人们可以自由选择自己的生活

117　第六章　如何应对遭受磨难后的内疚、愤怒、嫉妒

153　第七章　从身边环境中寻找度过磨难的力量

181　第八章　选择过一个更有意义的人生

204　后　记

译　序

我自己长期从事心理学的研究与教学工作。大学毕业后先是在国内从事了 9 年的研究工作，之后又到美国深造并从事教学与研究工作 12 年。早在出国之前，就有国内出版界朋友和我接触，请我推荐一些国外心理学的畅销书。在美国这些年，我也常想在工作之余，把自己钟情的海外读物翻译成中文，与国内朋友分享。两相情愿，便促成这本汉译小书的诞生。这是我向国内朋友推介的第一本书，我希望它是一个好的开头。而我为什么会首先选择以这样一本书与国内朋友分享呢？它关乎苦难，又有宗教色彩，是什么意义上的心理学读物呢？我想先就此做些说明。

首先，我想介绍一下我对心理学的理解。我之所以选

1

择心理学为自己的职业，是因为我认为它是一个助人的事业。英语中心理学（psychology）一词词源是古希腊神话中的赛琪（Psyche）公主。这是一位人间的公主，但是她的美貌连女神阿芙洛狄忒（就是罗马神话中的维纳斯）都要嫉妒三分。女神让儿子厄洛斯（就是罗马神话中的丘比特）去对赛琪施法，令其爱上一个魔鬼。但是厄洛斯对赛琪一见钟情。经过一番曲折，赛琪与厄洛斯结成伉俪，由凡人成为长着一双蝴蝶翅膀的神灵。后来，在西方语言中，首字母小写的 psyche 便是灵魂、心灵与自我的意思。可见，心理学一词的创造源自一个浪漫的动机，它与爱和灵魂相关。这门学科在创建的时候，也的确宣称关心人的心灵问题。心理学这个汉译很好地体现了这个主旨。但是，因为模仿自然科学的模式，一度作为主流心理学理论的行为主义把心灵排斥在这门学科的对象之外。而弗洛伊德创建的心理分析却保留了关注心灵的主旨。近几十年来，心理学已经在一定程度上纠正了行为主义的偏颇，心灵问题正由浅入深地纳入这门学科之中。在这样的学术背

◀ 译　序

景下，和朋友们分享一本能够在心灵深处对我们有所助益的书便是我的一个顺理成章的冲动。

赛琪的故事可以帮助我们延伸浪漫的梦想。可是，在现实生活中，我们也难免被苦难缠绕。我自己就经历过由梦想到苦难的起伏，这段经历更使我感到爱的珍贵，也是这段经历让我决定选择把这本具有宗教色彩的小书作为和国内朋友分享的第一本书。美国心理学之父威廉·詹姆斯最深刻的一本书便是《宗教经验种种》，可见在美国的传统中宗教与心灵之间的密切关系。而这本犹太教拉比写的小书，也不会令国内的读者感到很有距离。因为作者是以一位普通朋友的口气向读者讲述他的体会的。这本书曾经安慰了无数美国读者的心灵，其中并不限于犹太教或者基督教教徒。因此它被称为一本杰出的心理学著作。我自己因真实的感受而信奉了基督教。同时，我对中国文化的挚爱没有丝毫消减。我参与创办了纽约的一所孔子学院，并希望在传播祖国文化上尽微薄之力。儒家传统中有苦中寻乐的精神，道家的庄子亦然。因此，我相信，在当今各种文化之间的交流日趋深入的时代，国内朋友们对这本书的亲切感，并不小于美国朋友对孔子的亲切感。

在介绍学术背景的基础上，我想再细谈一下上面提到的我自己的那段经历，以便和朋友们分享一种获得深层心灵安慰的快乐，尤其是这种快乐出现在极端痛苦的境况之中。

第一次读到这本书的时候，我正面临自己生命中最大的苦难。我当时整个人极度焦虑，精神几近崩溃。

我从小就喜欢梦想，不仅在事业上有种种梦想，家庭上我也很想有两个以上的孩子。随着年龄的增长，这个梦的细节变得更加丰富，每个孩子是什么模样、有着什么性情以及今后会从事什么职业都在脑子里细细走了无数遍。仿佛一切都是可以照计划实施的，只要时机允许，并尽足够多的努力，梦想就可以成真。

但是随着我的年龄超过 35 岁，生养孩子的梦想几乎变成了奢望。直到有一天我和先生终于惊奇地发现我怀孕

◀ 译　序

　　了，我们内心的惊喜真的是难以形容。于是我又开始继续编织这一梦想的细节，生活又有了新的意义。

　　但是好梦仅仅持续了两个月，在14周的孕期检查时我们得知我腹中的胎儿有先天疾病，活过1岁的概率不足5%。医生建议我们堕胎，并且尽早进行手术。

　　接下来的一周里，我每日在泪水与噩梦之中度过。我跟先生谁也没法决定堕胎。当我们选择让命运来决定孩子的生命历程的时候，我们内心的挣扎少了很多。

　　我当时唯一的愿望就是能见到孩子活着出世，我们能彼此看见对方的眼睛，我会亲吻她的小脸蛋，并亲自对她说："妈妈爱你，永远都爱你。"

　　像很多正在经历苦难的人一样，我反复问一些永远都不会有答案的问题："这事为什么会发生在我身上？""是不是我做错了什么事，才会自食其果？"但一切都不能改变现状，更糟糕的是都不能改变未来。当那可怕的分离时刻来临的时候，我该如何面对？我会不会得产后抑郁症，会不会从此一蹶不振？我这一生还会再有快乐吗？

除此以外，我当时还有更深一层的忧虑，即亲朋好友的反应。我知道不是所有的人都能理解我们的决定，我更清楚对于苦难的缘由每个人都有不同的解释。有些解释可能是我永远都不愿意听到和接受的。更重要的是，我的内心也需要对自己的遭遇有个交代。

就是在这段时间里，有人向我推荐了这本书。刚读完第一页，我就知道这是一本写给我的书。作者经历过和我类似的事情，书中讲述了许多人的苦难经历，这些人是我们生活中可以接触到的普普通通的人，在灾难中，他们会很自然地问道："为什么会是我？""我该怎么办？"这本书的重点就是要面对这些问题。

本书作者库什纳（Harold Kushner）是一位拉比（犹太教神职人员）。他在刚做拉比的时候，得知他年仅3岁的长子亚伦患有"儿童老化症"，不能活过青春期。面对这样的噩耗，库什纳感到前所未有的悲哀、愤怒、迷惑。在与家人共同面对这一苦难的同时，他也在为日后写这本书做准备。亚伦在14岁那年离世，本书出版于亚伦去世

◀ 译　序

后4年（1981年）。也就是说作者用了14年为写这本书做准备。他不愿意接受宿命或因果对苦难所做的解释。他想用此书来安慰更多的人，以此告慰儿子的灵魂。

本书一出版，就立刻带来巨大的反响，当年即被纽约《时代周刊》评选为非小说类畅销书第一名，并持续多期。以后近30年多次再版，并被译成多种文字。此书还被列为许多哲学、宗教、社会学以及文学课程的教学参考书，成为讲述如何应对苦难的文学经典。

本书非常实用，通俗易懂，适于不同文化和宗教背景的读者。书中引用大量的例子来分析苦难中人的心情和反应，也分析了为什么有些反应会带来更大的伤害。

苦难中的人最常有的反应是悲哀、愤怒，还有自责。他们常常会想："我要是做了（或不做）什么，这件事就不会发生。"这样的想法不仅于事无补，还会让苦难中的人经历第二次的折磨。书中提到了两个儿子在年迈老母去世后的自责：

7

我连续两天为我们社区中两位年长的妇女主持葬礼。两位都是在高寿之年离世，正如《圣经》所说的那样，两位老人都活过长久而又充足的一生逐渐衰老而故去。两位老人的家刚好离得不远，这样我在同一天的下午分别去两家探望她们的家人。

在第一家，离世的老人家的儿子对我说："要是我把我妈接到佛罗里达，不至于让她住在这冰天雪地里，也许她今天还会活着。都是我的错她才会去世。"在第二家，另一位离世的老人家的儿子对我说："要是我不坚持把我妈接到佛罗里达，她可能今天还活着。这样长的飞机旅行，还有气候上的巨大变化，她哪里承受得起？都是我的不对，我妈才会去世。"

两个儿子对母亲的突然离世痛苦万分，进行了不同的归因解释，但最终都是指向自责，这种现象在现实生活中十分常见。库什纳不仅把这种表现写出来，更进一步分析我们该怎样做才不致受到来自内心的二次伤害。

◀ 译 序

这本书不仅是写给苦难中的人，同时也是写给那些苦难人的亲朋好友的。我们在生活中可能会遇到一些朋友、同学或同事自己或家人出事，生重病、出意外事故、婚姻破裂、亲人突然离去，等等。遇到这些事，我们很自然的反应是去探望和问候。我们问候的话语可能是适当的，也可能是不适当甚至有伤害性的。我们做的也许与我们期待的相反。

书中讲述了这样一个例子，有一位年仅38岁的妇女患白血病突然离世，留下一个15岁的男孩贝利。在葬礼那天，孩子的姑姑走过去想安慰悲伤中的少年，她说："别难过，贝利，是神把你妈妈带走了，因为他现在比你更需要她。"书的作者就这句话进行了如下分析：

> 我愿意相信这位姑姑是出于好心，她当然是为了让贝利感到好受一点。她从某种意义上是想要为这个可怕的灾难性的事件找个解释。但对我来说，她说的这两句话里至少犯了三个严重的错误。

首先,她告诉贝利不要难过。可他怎么会在母亲的葬礼当天不感到难过呢?!他为什么不能有真实的痛苦、气愤以及失落的感觉呢?!为什么他非要检讨他真实的合理的感受好让别人那天能好过一些呢?!

其次,她解释他母亲的死是"神把她带走了"。我不相信这个。这跟我理解中的神不符,而且这只能让贝利恨神,更不愿接受信仰上的安慰。

但更糟糕的是,她提出神带走贝利妈妈的理由是"因为他此时比贝利更需要她"。我想我知道她想要说的是什么。她本来要说的是她嫂嫂的死不是毫无意义的,而是为了成就神的某种使命。但我怀疑对贝利来说意思不是这样的。贝利听到的是:"都是你的错你妈妈才会死。你不是很需要你妈妈。要是你需要她多一些,她就不会死。"

你还能记得你 15 岁时是什么样子吗——步履蹒跚地走向独立,爱恋并需要你的父母但同时也很不愿承认你需要他们,盼着有一天你可以成长而不再需要

◀ 译　序

他们，自己能更独立。如果贝利是一个典型的15岁的少年，他吃的是父母给他买来并烹调好的饭菜，穿的是父母给他买的衣服，住在父母家里，出门得让父母开车接送，梦想着有一天他不再需要父母为他做这一切了。可突然之间他的妈妈死了，而他姑姑解释她的死是"你不那么需要她，这就是为什么她会死去"。这绝不是那天他需要听到的。

本书试图回答的最大的问题就是苦难从何而来。库什纳提供了他自己的解释。这种解释是否对所有人都适用值得商榷，但该书最可贵之处在于帮助读者从苦难中跳出来，思考更积极和更有意义的问题，那就是：当苦难来临时，我该怎么办？人们在苦难中的态度和应对方式会改变苦难本身的意义，也会给苦难中的人带来更大的安慰。

值得欣慰的是，我们的女儿贝蓓活着来到了这个世界。我终于有机会对着她的眼睛说："妈妈爱你，永远爱你。"贝蓓是我见到的最美丽的女婴。她在这个世上悄悄走完了两个小时的生命历程。我的朋友们忙前忙后帮助我们为她沐浴更衣,做脚膜手膜,摄影师特意赶来留下每一个珍贵的瞬间。贝蓓的生命的意义远远超越这两小时的时间。她让我们夫妻体验了做父母的快乐、期望以及担忧等完整的过程。我们的女儿,因爱来到这个世界,又是在爱她的人中间离开。没有任何一位母亲能比我更骄傲地说:"我的女儿从没有体验过人世中的痛苦,她见证到的只有爱。"她的生命不仅影响到我们夫妻两个,也影响到周围很多人。在我们为她举办的追思礼拜上,有将近100人到场,有些是远道而来,每个人都从她短短的人生中体验到生命的新意义。

我要感谢帮助此译书付梓的人。编辑对我的支持和耐心令我感动。佩斯大学的纪一川先生帮助我翻译了本书的第四章及第五章;耶鲁大学访问学者徐冰先生帮助我通读译文和序言,并对文字加以润色;我的先生郭友军帮助我修改序言,在此一并感谢。

最后,我愿将这本书献给所有陷于苦难中的人们,愿

◀ 译 序

他们能像我一样从此书中得到安慰与勇气,更好、更积极地面对人生。

牛卫华

2010 年 5 月 25 日写于康州家中

> 牛卫华,美国佩斯大学终身教授,心理学博士。1989 年毕业于北京师范大学心理系,1998 年考入美国耶鲁大学心理系,从事儿童创造力的跨文化研究。

前　言　我为什么写这本书？

这不是一本有关神（God，以下为方便对话式叙述，称为神——译者）和神学的抽象著作。它并不试图大话连篇或者巧舌如簧地重构一些问题，以使我们相信我们的问题并不是"真"问题，而仅是我们认为如此而已。这是一本个人感悟之作，出自这样一个人之手：他相信神，相信这个世界上的神性，他一生大部分时间是用来帮助他人也相信；而且为他个人悲剧所驱，不得不重新思考他所学到的有关神及神之行为的每一件事。

我们的女儿艾瑞尔出生那年，儿子亚伦刚好过他3岁的生日。亚伦是个聪明活泼的孩子，不到2岁就能认得十几种不同类别的恐龙，并能非常耐心地向大人讲恐龙已经灭绝了。亚伦从8个月开始体重就不怎么长，1岁左右的时候头发便开始脱落,以致我和妻子开始担心他的健康。我们带他去看了一些有名的医生,他们都提及一些复杂的病名,但最终向我们保证亚伦一切都很正常,只是今后会长不高。就在小女儿出生之前,我们一家从纽约搬到波士顿的一个郊区,我在那里开始担任一个犹太会堂的拉比。我们发现当地有一位儿科医生正在研究儿童生长方面的课题,我们就带亚伦去见这位医生。两个月以后,也就是在我们的女儿出生的那天,这位医生到医院里来探视我太太,他告诉我们,我们的儿子所患的病叫"儿童老化症",即快速衰老。他接下来告诉我们,亚伦永远长不到3英尺,头上和身上也不再长毛发,还是儿童时看上去就像个老人,并且活不过少年期。

如何面对这样一个噩耗?我那时还是一个年轻的没有经验的拉比,不像后来那样熟悉如何应对灾难。我那时最强烈的感受就是极度的不公平。我简直想不明白。我一直是一个好人,努力做神眼中正确的事情。不仅如此,我比我认识的大多数人对神更虔诚,并且我们家族中的每个人

◀ 前　言　我为什么写这本书？

都非常健康。我一直相信自己在跟随神，这种事怎么会发生在我的家中？如果神真实存在，他稍有公平，不用说他还是一位仁慈且有爱心的神，他怎么可以这样对待我？

即使我能说服自己——痛失爱子实在是对我的报应，因为我犯了一些我自己都没有觉察的罪，比如延误职守或者桀骜不驯，可为什么受惩罚的是亚伦？他不过是一个天真无辜的孩子，一个快乐、外向的3岁孩子。为什么要由他以今后的一生来承受身体和心灵上的痛苦？为什么他要承受无论走到哪儿都被人指指点点的痛苦？为什么他要受此诅咒，活不过少年，还要看到其他青少年开始和异性约会，而他自己却永远也不能结婚生子？这一切简直不可理喻！

跟大多数人一样，我和太太都从小成长在这样的环境里：神在我们的心目中是一位全知全能的父亲形象，他就像父母一样照料我们，并且照顾得更好。如果我们听话并做得好的话，他会奖励我们。如果我们做错了，他也会教训我们，虽不情愿但非常坚决。他会保护我们不受伤害或不致自己伤害自己，并看护我们生活中所应得的一切。

跟大多数人一样，我也知道人世间有苦难，这世界有很多黑暗——年轻人在车祸中丧生，快乐的有爱心的人饱受疾病折磨，邻居和亲戚中会有孩子因为患有智力障碍或心理疾病而被人奚落。但这一切从来没有让我怀疑过神的公义或挑战他是否是公平的。我一直认为他一定比我更了解这个世界！

可是就在那天，在医院里，当那位医生向我说起亚伦，并给我们解释"儿童老化症"到底是怎么一回事的时候，我所了解的一切完全动摇了。我只能在头脑中反复地重复一句话："这不可能！这世界本不该这样运作！"像这样的灾难只会发生在自私、不诚实的人身上，而我，作为一个拉比，本来是要来安慰这些人，向他们解释神是一位慈爱的神的。如果我所信的这个世界还有真理可言，那么这种事怎么可能会发生在我的身上，怎么会发生在我的儿子身上？

我最近读到一个故事，提及一位以色列的母亲，每年

◀ 前　言　我为什么写这本书？

在她儿子的生日晚会上她都会走出去，一个人躲到卧室里哭，因为儿子每长一岁就离服兵役的年龄近了一年，就离生命面临危险近了一年，也就离儿子可能会战死沙场更近了一年。读到这里的时候，我完全能理解她的感受。每一年我跟太太都给亚伦办生日晚会。我们会为他的成长以及所获得的新本领而高兴。但我们的心也被我们因为事先了解的冷酷的现实收紧，我们知道每过一年，离亚伦从我们身边离去那个时刻就更接近了。

那时我就知道有一天我会写这样一本书。我会将我自己的需要变成文字，记录我相信和了解到的最重要的一些事情。我写这本书的目的是帮助那些有一天可能发现自己身处相似处境的人。我想把这本书献给那些很想保持他们的信仰却在内心怨恨神的人，那些因为所发生的事让他们的信仰动摇并无法从中得到安慰的人。这本书也是写给所有那些爱神且内心虔诚却对自己所经历的苦难深深内疚并总是说服自己这一切是罪有应得的人。

亚伦在生死边缘挣扎的那几年，没有太多的书，也没有太多的人能帮助我们。朋友们努力了，也确实给了我们一些帮助，但别人又能做多少呢？我读的书大多数都是更倾向于为神的荣誉辩护，从逻辑上证明坏事其实是好的，罪恶对于这个世界来说是必需的，而这样的说教并不能治愈面对儿女离世的父母内心的迷茫和怨恨。这些书能回答作者们预定的问题，却回答不了我的问题。

我希望本书不同于以上提到的那些书。我不想写一本为神辩护或解释神的作为的书。没必要再重复书架上已有的诸多教条，即使有必要，我也不是位训练有素的哲学家。我本是有信仰之人，却深受生活之重创。我写本书的目的是为了献给那些同样在生活中深受重创的人，这些伤害可能来自死亡、疾病或伤痛，也可能来自被拒绝或失望——谁能知道在他们的内心里是否还相信这世界上有公正，他们本该享有更好的生活。神对这些人来说意味什么呢？他们还能向谁来寻求力量和希望？如果你是这样一个人，如果你想相信神的良善与正义，但是因为在你或者你所爱之人身上发生之事心生动摇，若此书能对你有所帮

◀ 前　言　我为什么写这本书？

助，我就能从失去亚伦的痛苦与泪水中得到慰藉。

如果我发觉此书最终陷入了神学的思辨和对各种各样问题的解释，却忽略了人生苦难这一主题，我会希望当初写此书的初衷能帮我把思路拉回来。亚伦在过完他 14 岁生日的两天之后离世。这是他的书。因为任何想要为这个世界的苦难和罪恶提供解释的努力，都应首先能为他，也为我们所经历的一切提供一个合理的答案。从另外一层意义上看这也是他的书，因为此书的出现恰是源自他的生和他的死。

第一章

磨难不是善恶报应的结果

真正的问题只有一个,即为什么正直的人蒙受痛苦?除此以外的神学讨论都不过是一种智力游戏,有点像在周日早上读报纸时所做的纵横字谜,不过是在体验一种问题解决时的快感,但最终却不能触动人的心弦。我跟很多人讨论过有关神以及宗教的问题,几乎所有有意义的讨论都是要么从一开始就涉及这个问题,要么很快就绕到这个问题上来。不仅有刚从医生那儿得到令人失望的诊断结果而痛苦失落的男女跑到我这儿来跟我讨论,还有大学生对我说他决定相信神本来就存在,这中间还包括一次聚会中见到的一位完全陌生的人,正当我向主人要大衣准备离开的时候,他对我说:"听说你是一位拉比,你怎能相信……"

这些问题都有一个共同之处,那就是世界上的种种倒霉的事被不公平地分配了。

不仅不幸中的好人自己及家人遭受苦难,这本身对其他人也造成困惑,那就是我们生活的世界还是不是一个有公平存在的世界。不可避免地,人们会因此而怀疑美好、善良乃至神的存在。

我所在的犹太会堂有大约600个家庭,2500多人,我是会堂的拉比。有人生病我要到医院探访,有人离世我要主持葬礼,我努力去帮助别人走过离婚的苦痛、生意上的失败、教育子女中的不愉快等诸事。我坐下来听他们讲述垂危的丈夫或妻子的故事,衰老的父母谈论他们在其漫长的一生中得到的不是祝福而是诅咒,我也见过那些曾经被人所爱的人被疼痛扭曲或身陷失望。我发现自己很难对他们说生活是公平的,神是按照他们所需的和所得的来给予。一次又一次,我看到几个家庭甚至整个社区的人聚在一起祷告,为一个病人的康复祷告,但最终他们的希望化为泡影,祷告落空。我见过义人生病、好人受伤、有才德

第一章 磨难不是善恶报应的结果

之人过早离世。

跟每一位读者一样，我每天一打开报纸，眼前就充斥了有关挑战这世界的美好本性的新闻报道：无情的谋杀、致命的玩弄、年轻人在赶赴自己婚礼或从高中毕业联欢会回家的路上死于汽车事故，等等。将这所有的故事加在我自己所经历的不幸上，我扪心自问：我怎能继续跟别人讲这世界是美好的，有一位善良慈爱的神掌管所发生的一切？

并非只有非同寻常的人或者圣人之辈才会面临这样的问题。我们大多数人可能很少直接遇到好人遭难这样的事，因此也很少质疑："为什么大公无私且从不犯罪的人还会遭遇苦难？"但我们可能常常会自问，为什么平凡之人，那些友善的邻居，既不特别出色也不特别糟糕的人，突然之间要遭受痛苦与不幸的折磨？如果世界是公平的，这些人显然并不该遭此磨难。他们不比我们认识的大多数人好很多，也不差很多，为什么这些人的生活要比别人艰难。询问"为什么正直的人蒙受痛苦"或者"为什么坏事发生在好人身上"，并非把我们的目光局限于圣徒与义人身上，而是试图理解为什么普通人——我们自己以及我们周遭的人——要承担超乎寻常的悲苦重负。

我刚开始做拉比的时候，还很年轻，但要去帮助一个家庭面对一件预想不到且无法忍受的事故。有一对中年夫妇只有一个女儿，是一位非常聪明的19岁大学生，在外州念大学一年级。一天早上，这对夫妻刚吃过早饭，就接到从女儿所在学校打来的电话："我们要向你们报告一个坏消息，你们的女儿今天早上在上学的路上突然倒下，看起来像是因为大脑的某个血管崩裂了。我们都来不及抢救，她就突然断气了。我们真的感到万分悲哀。"

这对夫妻完全惊呆了，马上喊来邻居帮他们决定下一步该怎么办。邻居通知了会堂，我在当天就赶了过去。走进他们的家，我感到自己一点儿准备都没有，不知说些什么能帮助他们减轻痛苦。我期待着愤怒、镇静、悲伤，但我怎么也没有料到他们对我说的第一句话就是："拉比，

第一章　磨难不是善恶报应的结果

你知道吗，我们没有在上一个赎罪日①中禁食。"

他们为什么说这话？为什么他们认为自己多多少少该为这件不幸的事情负责？是谁教他们相信神会因一个人在宗教仪式上的疏忽而惩罚另一个人，因此而击打一位有魅力而聪明的年轻姑娘。

任何一个年代都有人会用这样一种方式来理解世界的苦难，那就是认为我们罪有应得，因某种原因，我们的不幸是对我们曾经犯了什么罪的惩罚。

"你们要论义人说，他必享福乐。因为要吃自己行为所结的果子。恶人惹祸了，他必遭灾难。因为要照自己手所行的受报应。"（《圣经·以赛亚书》第三章第十至十一节）

"犹大的长子珥在耶和华眼中看为恶，耶和华就

---

① 赎罪日（Yom Kippur）：犹太人中最重要的宗教节日之一。在新年过后的第10天，犹太人斋戒，停止一切工作和娱乐，聚集在会堂祷告，祈求上帝赦免他们在过去一年里所犯的罪。——译者

叫他死了。"(《圣经·创世记》第三十八章第七节)

"义人不遭灾害,恶人满受祸患。"(《圣经·箴言》第十二章第二十一节)

"请你追想:无辜的人有谁灭亡?正直的人在何处剪除?"(《圣经·约伯记》第四章第七节)

我们会在本书稍后的章节中讨论内疚感这一问题。在某种程度上我们很容易相信坏事发生在好人身上(特别是其他人)是出于神对人所作所为的公义审判。正因为持有这种信念,我们能保持这个世界的合理与秩序。人们因此能行善而远离罪行;也因持有这种信念,我们能维持神是一位充满爱心的以及全能地掌管一切的神的信念。以人类本性为事实,基于人人都是不完美但又可以追求完美的这一事实,一想到他做了一些本不该做的事,毫无困难地,我们总能找出理由来证明为什么坏事会发生在我们身上。但这一答案对人又有多大的安慰,并且从宗教意义上看是适宜的呢?

◀ 第一章 磨难不是善恶报应的结果

　　我所要面对的那对夫妻，那对毫无准备就失去了他们19岁独生女的父母并非在宗教上有特别追求的人。他们在会堂里并不活跃，他们甚至在赎罪日的当天没有禁食，而这个传统就是连比较偏向自由派的犹太人也能做到的。当灾难从天而降的时候，他们回归到最初的信仰，那就是神按人的罪孽来惩罚人。他们坐在那里为女儿的离世而悲伤内疚，认为是自己的错——如果他们不那么自私和懒惰，在6个月前的赎罪日忘记禁食的话，女儿可能今天还活着。他们坐在那里生神的气，因为神对他们的惩罚过于残忍和严厉，但他们又不敢承认自己对神的愤怒，害怕神再次惩罚他们。他们受到生活的伤害，信仰又不能安慰他们。相反，信仰让他们感到更糟。

　　那种善有善报、恶有恶报的想法听起来很不错也很诱人，似乎能够为罪恶这一问题提供不同层面上的解释，但这种认识也有其严重的局限性。我们已经看到了，它叫人产生自责。因此，尽管毫无理由，人还是会背上很大的心理包袱。它让人怨天尤人，恨神也恨自己。更让人不舒服的是，这与事实一点也不相符。

我们若生活在有大众媒体传播以前的时代，我们还能多少相信这一说法是对的，就像过去很多先哲们所认为的那样。若没有报纸、电视以及历史书，你可能不会去理会偶然的一个小孩去世或你那善良高尚的邻居丧生这样的事。我们今天对世界信息的了解实在太多了。当听到"奥斯威辛集中营""越南美莱（My Lai）村大屠杀"这些名词的时候，或经过医院或敬老院的走廊时，还有谁能再引用《以赛亚书》上的话"你们要论义人说，他必享福乐"来解释世上的灾难呢？今天若还有人相信这话，这人要么就是完全不顾周边的种种事实，要么就得重新定义"义人"来面对这不可回避的事实。我们不得不改口说，义人指的是那些活得长久并且幸福的人，不管他是不是一位诚实并且乐善好施的人；同时，我们可能会把一个值得尊敬的人说成是邪恶的，因为他总是苦难缠身。

说一个真实的故事。我认识一个 11 岁的男孩子，有一天学校为他们进行常规的视力检查，结果发现他有近视

◀ 第一章　磨难不是善恶报应的结果

并且需要配眼镜。没人对此感到特别惊讶。他父母都戴眼镜，他姐姐也是。但不知为什么，这个男孩子表现得非常痛苦，并且不愿告诉任何人他为什么会如此难过。终于有一天晚上，在他妈妈看着他上床睡觉的时候，他才把真相讲出来。原来在检查视力的前一周，这个男孩和两个大一点的男孩子从邻居家丢弃的废品中翻出了一本旧的《花花公子》杂志，他们也知道自己本不该看这本杂志，但出于好奇，他们花了好几分钟翻了一遍杂志，看到了裸体女人的照片。于是就在当天，这个男孩子在学校视力检查不合格、得配眼镜的时候，他迅速得出结论，是神在用失明这种方式来教训他不该看那些照片。

有时我们试着用善恶报应的思维方式来理解人生中的各种试炼，可这往往只能起一时的作用。任何时候，人间都可能会有不公，无辜的人都会无缘无故地受苦。只有时日久远，我们才会明确地相信神的计划是怎样地公义。

正如《诗篇》第九十二章所写的那样，应赞美神的伟大，他赐予我们这本无瑕疵的公正的世界。这首诗也暗示那些总是缺乏耐心、不给神时间的愚顽的人,神的公义总有一天会彰显。

> 耶和华啊,你的工作何其大,
> 你的心思极其深!
> 畜类人不晓得,
> 愚顽人也不明白。
> 恶人茂盛如草,
> 一切作孽之人发旺的时候,
> 正是他们要灭亡,直到永远……
> 义人要发旺如棕树,
> 生长如黎巴嫩的香柏树……
> 好显明耶和华是正直的。
> 他是我的磐石,在他毫无不义。
> (《圣经·诗篇》第九十二章第六至八节、十三至十六节)

第一章 磨难不是善恶报应的结果

诗人想要解释说世上表面的邪恶是无法与神的公义相匹配的。邪恶好比是草,公正好比是棕树和香柏树。如果你在一天中同时撒下草和树的种子,草总是长得飞快。如果一个人对自然生长没有一点知识的话,他可能会预测最终草比树长得要高要壮,因为草长得快。但一个稍有经验的人就会知道草一开始的快速生长仅仅是暂时的,几个月后就会枯萎凋零,但树会慢慢地长大,有一天长得又高又直并能活过不止一代人的岁月。

同样,诗人也提醒人们,愚拙的没有耐心的人只看到了邪恶的暂时发达而正直之人遭遇苦难,就得出结论说邪恶得胜了。时间能够见证一切,总有一天他们会看到邪恶如草般凋零,而正直就像棕榈和香柏树一样虽然缓慢却长久发达。

如果我能见到《诗篇》第九十二章的作者,我首先要祝贺他创作了这样一篇灵修文学中的伟大作品。我会跟他说,他说出了我们生活的这个世界的重要真理,那就是虚伪无耻之人虽开始时得意,正义终将来临,以对付这些人。正如拉比米尔顿·斯坦伯格（Milton Steinberg）曾经写道："想想人世间的规矩：谎言总是站立不住，邪恶将会毁灭自身，暴政终究自取灭亡。唯有真理和正义的力量才能天长地久。如果这个规矩不是抑恶扬善，如此鲜明的对比从何而来？"〔节选于《信心解剖》（Anatomy of Faith）一书〕

虽说如此，我觉得我有义务指出斯坦伯格神学观点中一些不切实际的想法。尽管我也同意邪恶之人并不能从他们所作的恶中得到开脱，他们最终会受到这样或那样的报应，但我无法完全接受他的有关正直之人如棕榈树般茂盛的说法。《诗篇》作者可能会令我们相信，时日长久，我们就能看到正直之人最终能超过邪恶之人并获取人生的美好事物。但他怎样去解释有时无所不能的神并没有让正直之人活得长久并超过邪恶之人呢？有些好人带着遗憾死去，甚至过着生不如死的日子。哎，可惜这世界并不像《诗篇》作者想让我们相信的那样有秩序。

我想起一位熟人，他经过好几年的辛勤努力，终于打

◀ 第一章　磨难不是善恶报应的结果

拼出一个成功的企业，最后却被一位他非常信任的人骗走一切。我可以告诉那个人说，邪不压正，恶势力抬头仅仅是暂时的，邪恶之人终将得到惩罚。但这时候我的这位熟人已经身心交瘁、日渐衰老，并且愤世嫉俗。在他等待神的公义得以彰显的岁月中，谁还能送他的孩子上大学？他老了谁来付医疗费？不管我多么愿意像斯坦伯格那样笃信正义终将来临，我如何去保证我的这位熟人能活得长久并看到这一天的来临？我发现自己无法像《诗篇》作者那样乐观地相信只要时日长久，正义就如棕榈树般茂盛，以此来见证神的公正。

身处不幸之中的人往往用这样的想法来安慰自己：神自有他的理由来让这样的事情发生在他们身上，而且人是无法挑战这一理由的。这让我想到一位叫海伦的妇女。

麻烦始于海伦注意到自己每走几条街或排队就会感到累。她将此归结为自己年纪大了并且体重有些增长。但有一天晚上，跟朋友吃完晚饭回家，海伦被家中前门的门磴绊了一下，把一盏台灯打到地上，她自己也摔倒在地板上。她丈夫还开她的玩笑说她一定是喝了点葡萄酒所以醉了，但海伦意识到这回不是一个玩笑。第二天她就去看医生。

诊断结果显示海伦患的是多处细胞壁硬化症。医生解释说，这种病是一种退化性的神经系统疾病，并且会越来越恶化，可能很快，也可能要经过几年缓缓的进展。有一天，海伦走路会离不开支持。最终她会完全离不开轮椅，大小便失去控制，越来越动不了，直到死去。

海伦最担心害怕的事终于成真。听到这儿，她彻底垮了，泣不成声。"这种事为什么会发生在我身上？我一直都努力做好人，我的丈夫和年幼的孩子还得靠我呢。我本不该遭此罪，为什么神要让我受此苦难？"她的丈夫抓着她的手安慰她说："别这么说，神必有他的理由，我们怎能质疑他呢？你得有信心，神若让你好起来，你就能好起来；若他不让，这其中必有理由。"

海伦想要从这些话中找到平安和力量。她很想从相信苦难必有其由而不以人的意志为转移的理解中得到安慰。

◀ 第一章　磨难不是善恶报应的结果

她很想相信这些说法在某种意义上是对的。她的一生，不管是在信仰上还是科学教育中，她受的教育都是有关世界是有理的，事情若发生了，必有其缘由。她特别想继续相信神掌管一切，因为如果他不能，谁还能？面对多处细胞壁硬化症够难的了，但更难的是还得面对万事发生可能并没有任何理由，神不再管这个世界，并没有一个在背后操纵一切的神存在这样一个问题。

　　海伦并没想质问神或生神的气。可是她丈夫的话只能令她更感到被抛弃和不知所措。有什么至高无上的理由能为她面临的遭遇提供辩护？这一切从哪种角度说是好的呢？她尽管努力不去生神的气，却还是感到气愤、受伤害以及被出卖。她一直努力做一个好人，也许算不上完美，但她很诚实、勤奋努力、乐于助人，至少跟大多数人差不多，甚至比许多健康的能自由行走的人要好。为什么神竟然允许这样的事发生在她身上？不仅如此，她进一步为自己竟然生神的气而自责。她在恐惧痛苦中感到孤单。如果神真的带给她如此灾难，如果他，不管出于什么理由让她经历这一苦难，她怎能要求神再治愈她呢？

小说家索尔顿·怀尔德1924年曾在他的小说《圣路易斯勒雷的大桥》中试图解析这一问题。有一天秘鲁一个小镇上，一座横架峡谷上的索桥突然断了，5位正在桥上行走的人不幸坠落摔死。一位年轻的天主教神父正好看到了所发生的一切，感到很疑惑。这难道仅仅是个事故，还是神的旨意让这5个人必须以这种方式惨死。他开始收集这5个人的生平故事，并得出了一个谜一般的结论：这5个人最近都刚刚解决了人生中的重大难题，正在迈入人生新的阶段。神父因此而想，对他们每一个人来说这时候死是最恰当不过的了。

坦白讲我最终并不满意这一答案。让我们试着将怀尔德小说中索桥上的5位行人换成某架失事飞机上的250名旅客。如果扩大一下想象力，我们可能会说他们中的每个人都刚好经过人生中的一项重大考验。可飞机失事后对人物调查的报道却与此说法恰恰相反，遇难者中的许多人正处在重要工作之中，比如要抚养年幼的孩子或有未完成的

第一章 磨难不是善恶报应的结果

计划。一部小说的作者可以运用想象来掌控事实，只要情节需要，灾难就会从天而降，但日常经验告诉我们真实的生活远非如此。

这完全可能是索尔顿·怀尔德自己这样认为。40多年后，年老睿智的怀尔德又写了另外一部小说《第八日》，他再次试图回答为什么好人会遭难这样一个问题。书中讲到一位善良体面的人，尽管他和他的家人都很无辜，但他们的生活总是充满了倒霉和不幸。当读者读到小说最后，期待着一个大团圆结局的时候，却发现并没有出现好人得胜、坏人受惩罚这样一个结尾。相反，怀尔德呈现给我们的却是一幅美丽的挂毯。从挂毯的正面看，这是一幅编织复杂的艺术作品，编织的线长短和颜色不一，却构成一幅很有启发的画面。但把挂毯翻过去，看到的却仅仅是各式各样织线的大杂烩，有长有短，有曲有结，向什么方向去的都有。怀尔德用这种方式来解释为什么好人会遭难。神把我们每一个人放入他总体规划的蓝图里。这就意味着有些人的人生会扭曲、打结，甚至会过早消逝，而另一些人的人生会非常舒展绵长。这并不是说这根线本来就比那根线更值得如此，仅仅是因为整体画面需要如此。从地上看，从我们个人的视角来看，神的奖惩似乎完全是随机的，就像挂毯的背面。但如果超出人生之外，从神的视角来看，每一个弯曲和节点都是一幅精美作品中的伟大设计。

这一解释有很多感人之处，我能想象对许多人来说也具有安慰价值。对于无谓的苦难，人们很难接受苦难是对人某种罪的惩罚的说法。但如果说遭受苦难却能为神的伟大设计做出某种贡献，人们似乎不仅更能忍受苦难，而且还把它视为荣耀。所以一位中世纪的不幸的人应该这样祷告："神啊！不要告诉我为什么受此苦难，但求这一切都是为您所受！"

但仔细想来，这种解释却站不住脚。这种解释很大程度上是基于一厢情愿的想象。一个孩子瘸腿，一位年轻的丈夫或者父亲离世，因为他人的恶毒诽谤一个无辜者的一生被毁掉了，这一切比比皆是。但从未有人看到过怀尔德

◀ 第一章 磨难不是善恶报应的结果

的挂毯。他所讲的仅仅是"想象一下如果有这样一幅挂毯"。我很难接受对真实事务给出一个假想的结论。

有谁会拿下面这话当回事:"我就是完全相信希特勒或约翰·迪灵杰①。我说不出来为什么他们会做那些事,但我无法想象他们会无缘无故做坏事。"但人们却用同样的话来为神对无辜者所带来的死亡和苦难找借口。

更进一步,我个人对人生最高价值的信仰让我很难接受对无辜之人的苦难进行诽谤的解释,我不相信人的痛苦仅仅是因为这种苦难最终是为一幅美丽作品做贡献。如果有哪位艺术家或者雇主让儿童受尽痛苦,说这一切是为了成就一件了不起的、很有意义的事情,我们肯定会把这个人送进监狱。为什么我们却能为神辩护,相信无论他给我们带来的是怎样的苦难,最终结果都是伟大而美好的?

海伦已经深受身体上的痛苦以及心灵上的折磨,还要

---

① 约翰·迪灵杰是美国 20 世纪 30 年代最危险的黑帮头目。一生中暗杀多人,抢劫 20 多家银行和 4 个警局,越狱 2 次并在黑社会中享有"当代罗宾汉"之名。——译者

把她童年时对神以及世上美好事物的信仰也夺走吗？她不断质问家人、朋友以及神职人员，为什么如此不幸的事会发生在她身上或任何其他人身上。海伦想，若是真有一位神，她一定会恨他，更恨他的什么伟大设计让她饱受折磨。

让我们再来思考另外一个问题：苦难有教育意义吗？它能帮我们纠正错误，让我们成为更好的人吗？有时那些有新信仰的人可能会愿意相信神让我们经历苦难有其美意，并试着找理由。有一位当代最伟大的正统犹太教的律法师约瑟·所罗文奇科（Joseph B. Soloveitchik），他曾说过这样的话："苦难使人变得高贵，去除骄傲和浅薄，洁净他的内心，扩展他的视野。总而言之，苦难的目的是为了修复一个人性格中的不足。"

正如父母有时会去教训他们所爱的孩子，是出于对孩子好，神也得教训我们。父母把孩子从车水马龙的街道上拉回来，或在晚饭前不给孩子糖吃，这样做不是吝啬，不是出于惩罚，也不是不公正。这样做正是因为要成为一个

◀ 第一章 磨难不是善恶报应的结果

关心孩子又有责任心的父母。有时要教训孩子，父母可能还会责打孩子或者把好处收回，为的是让孩子学到教训。孩子可能会觉得父母无缘无故拿走所有其他孩子都有的，他也可能会想怎么平日慈爱的父母会这样对待他，但他这么想是因为他还只是个孩子。等他长大了，他就能明白这其中的智慧与必要性。

同样的，有人指出，神对待我们正如一位充满智慧又仁慈的父母对待一位无知的孩子，不让我们受到伤害，不给我们那些我们自认为是好的，偶尔教训我们好让我们知道我们有时犯了一些非常严重的错误，并极富耐心地忍受我们对他所谓的不公发脾气，这样做都是为了有一天我们成熟起来能明白这一切都是出于为我们好。正如《圣经·箴言》第三章第十二节所说："因为耶和华所爱的，他必责备。正如父亲责备所喜爱的儿子。"

最近报纸上讲到有一位妇女，花了6年时间周游世界购买古董，打算开一个店铺。正在她准备开店的前一周，一道意想不到的闪电把店铺所在的整条街道的电线点着了，有好几家店，包括她的，全烧毁了。店里的东西，那些无价的、也无法取代的货品，仅有一小部分买了保险，全没了。即使能从保险公司那里拿到一部分赔偿金，又如何能抵得了一位中年妇女花了6年的时间寻找和搜集来的宝物？这位倒霉的女人简直都要发疯了："为什么这样的事会发生？为什么刚好发生在我身上？"有一个朋友想来安慰她，说："也许神想要教训你，也许他以此来告诉你你本来不该成为一位富人。他不想让你成为一个成功的商人，整天跟各种各样赢利和损失打交道，还得一年到头往远东去买货。他想让你把精力放到别处去，这也许就是神跟你讲话的方式。"

当代的一位老师提及了这样一幅画面：如果一位不懂医学的人走进医院的手术室，看到医生和护士们在给病人做手术，他可能会以为是一帮罪犯在折磨一位倒霉的受害者。他看到的只是这些人把病人按倒，用一个罩子把他的鼻子和嘴给捂上，这样他就不能呼吸，接下来他们又对着他下刀子和针。只有了解手术的人明白他们其实是在帮助

◀ 第一章 磨难不是善恶报应的结果

一位病人,并不是在折磨他。同样的,这也是在说神让我们经历一些痛苦是为了帮助我们。

想想一位年轻的药剂师罗恩的故事,他跟一位合作者一起开了个药店。在罗恩刚入伙的时候,他的同伴跟他说这个店最近被一些年轻的药瘾子盯上了,常来打劫要钱要药。有一天,正当罗恩打算关门的时候,一个十几岁的小流氓掏出一把小口径的手枪对准他,让他把药和钱都交给他。罗恩宁愿损失一天的收入也不愿意充英雄。他把柜台的门打开,用手哆哆嗦嗦地取出现金。他转身的时候,脚被绊了一下,他抓住前台想要扶自己一下。强盗以为他是冲着枪去的,于是就开了火。子弹穿过罗恩的肚子,打到脊柱。医生虽然把子弹取出来了,但伤势严重,罗恩这一辈子再也不能行走。

朋友们想来安慰他。有些人握着他的手为他难过。有些人告诉他某某医生用一些新药治疗下身麻痹,或讲述他们读到的一些奇迹般康复的故事。也有人试着帮他解释为什么这样的事会发生,回答"为什么是我"这样一个问题。

有位朋友说："我不得不相信，人生中万事的发生有其原因。不管怎样，任何事的发生都是为了我们好。这么来看，你一直都是一个骄傲自大的人，又有女人缘，开着豪华车，总是相信你一定能挣好多的钱。你从来不去花时间关心那些不如你的人。没准这就是神的方式，拿走你的骄傲和顽固的性格，让你反思一下你过去是如何获得成功的。这是神的方式，让你成为一个更好的人、一个更有感受力的人。"

这位朋友本想安慰他，试图帮他一起弄明白到底为什么会发生这样一件不幸的意外。但如果你是罗恩，你会对此做何反应？罗恩记得他当时要不是因为困在病床上站不起来，他早就想给那人一拳。一个正常健康的人，一个一会儿就能开车回家、上楼并想着打网球的人，有什么权利来告诫他在他身上所发生的事是为了他好？

这种思维方式的问题就出在这些人根本就不想帮助苦难中的人弄懂苦难的来源。出发点是捍卫神，试图用话语

◀ 第一章 磨难不是善恶报应的结果

和观点把坏事说成是好事，把痛苦说成是优越。讲这种话的人深信有一位慈爱的父亲般的神控制我们周遭的一切事物，他们这样说是对事实进行调整和解释以进一步使之与他们的这种假设相吻合。没错，外科医生开刀是为了帮助病人，但不是所有拿刀子在人身上捅的都是外科医生。没错，我们有时是为了一个人好而做一些让人痛苦的事，但不是每一件让人痛苦的事都是出于为这人好的缘故去做的。

我可能更容易相信我所经历的苦难是为了让我性格中的毛病得到修理，但是我要看到毛病和惩罚之间有一个清晰的关联。孩子做错了事，父母来教训孩子，却从来不告诉他他到底错在哪里，这绝不是一个负责任的父母。那些想用神以此来教训我们来解释苦难的人从来没有告诉我们，到底我们要改变的是什么样的行为。

同样于事无补的是这种解释并不能让人成为一个更有感受力的人，而是让他的朋友和家人成为更有感受力的人，比他们过去更关心有残疾的人。恐怕一位妇女生下一个智力残疾的孩子正是神让这些人的灵魂更深更广的计划之一，好让他们更具有同情心和不一样的爱心。

我们都读到过类似的报道，家长照看小孩时没留意，小孩须臾之间就从窗户掉下来或落水而死。为什么神允许这种事发生在无辜的孩子身上？绝对不可能是为了教这个孩子探讨新领域。如果是，等教训完了，那孩子也死了。是为了教会父母或看孩子的人要小心一点？这种教训实在不值得用一个孩子的生命作代价吧。是为了让父母成为更有感受力、更有同情心的人，更能从这一经验中吸取教训，珍惜生命和健康吗？是为了让他们提高安全标准，能让今后成百的人得救吗？这代价也太大了吧，这种推理也太不尊重人的生命价值了。对于那种认为神创造有智力残疾的孩子是为了让他周围的人学习同情心和感激知足的说法，我感到非常不舒服。为什么神把一个人的生命扭曲到如此地步而仅仅是为提升另一个人精神上的敏锐度？

如果将苦难理解成活该、报应，或治愈我们错误的"良药"之类的解释我们都不满意，我们又如何接受"灾

◀ 第一章　磨难不是善恶报应的结果

难是一种试炼"这一种解释呢？许多面对儿女死去的父母得到劝告去读《圣经·创世记》第二十二章来理解和接受他们的苦难。在这一章中，神让亚伯拉罕带着他深爱的独生子以撒，去当祭牲献给神。经文的开始部分是这样写的："这些事以后，神要试验亚伯拉罕。"神让亚伯拉罕经历这样的煎熬是为了考验他对神的忠心和信心。他通过了这一考验，神应许依他所展示的力量来大大地奖励他。

对那些很难相信神会跟他最忠心的追随者玩这样一个虐待狂的游戏的人来说，支持者会说神早已知道结果。他知道我们能通过考验，正如亚伯拉罕通过考验一样，只要我们的信仰无损（尽管在亚伯拉罕的例子中，那孩子没死）。他让我们接受试炼，这样我们就能发现我们自己的信仰有多坚定。

犹太教法典，收集了从公元前200年到公元500年的拉比们的教导，里面是这样解释亚伯拉罕所面临的试炼的：如果你去集市，你就会看到陶匠们用条棍击打陶罐以此告诉人们他们的器皿强壮又坚固。但聪明的陶匠只击打结实的陶罐，从来不去打那些有缺陷的。同样，神只给那些他知道能经得起试炼的人带来试验和苦难，这样好让他们和其他人都知道他们灵命上的坚强。

我作为残疾儿童的父亲共有 14 年的时间，一直到他去世为止。我特别反感别人说什么神因我灵命坚强并能比别人更耐受得住，故而拣选了我。我一点也不觉得自己因此变得"优越"，我也还是弄不明白为什么神每年把十几万有残疾的儿童带到各个不同的家庭中去。

作家哈丽雅特·萨尔诺夫·希夫将她个人的痛苦和不幸提炼而写成一本了不起的书——《丧子的父母》。她还记得当她小儿子在死于矫正先天心脏功能不全的手术时，神职人员把她叫到一边对她说："我知道现在对你来说是最痛苦的时刻，但我想对你说你一定能挺过去，因为神从来不会将我们承受不了的负担加给我们。神让这一切发生是因为他知道你是坚强的，一定能承受得住。"希夫记得她当时的回应是："我若是软弱些，我儿子罗比可能还活着。"

◀ 第一章　磨难不是善恶报应的结果

　　神真的会格外看顾弱小的羔羊吗？他真的从不把我们不能承受的负担加给我们吗？可惜我的人生经验告诉我并非如此。我见过有人在难以承受的极端苦难中崩溃。我也见过失去孩子的父母最终离婚，因为他们实在无法承受彼此的指责，怪对方没有看顾好孩子或携带某种不好的基因，或仅仅是因为在他们共有的记忆中充满了太多无法忍受的痛苦。我见过一些人在痛苦中变得更加高贵和善解人意，但我见到更多的是痛苦让人变得更愤世嫉俗和哀怨。我见过有人变得对周围的人满怀嫉妒，无法参与正常的生活。我见过癌症和车祸虽然仅仅夺去了家中一个人的生命，但却能让其身边五个人的生活从此无法恢复常态，再也无法像出事前那样快乐，形同死人一般。如果神是在试炼我们，他一定早就清楚我们中的很多人是经不住考验的。如果说他给我们的是我们承受得了的，我反而发现他很多时候都算错了。

　　当其他一切都无济于事时，有些人会试着解释遭遇苦难是为了帮助我们从一个痛苦的世界中解救出来，去一个更好的地方。有一天我接到一个电话,我们邻居中有一个5岁的小男孩在街上追一个球时被一辆汽车撞死了。我不认识这个男孩儿,他们家不属于我们的会堂,但我们会堂中有好几个小孩认识他,跟他一起玩过。他们的妈妈参加了孩子的葬礼,回来后跟我讲后来发生的事。

神职人员在悼词中这样说:现在不是悲哀和流泪的时候,而是应该快乐,因为麦克那纯洁的没有罪的灵魂已经被神从这个充满罪恶与痛苦的世界带走,在那里没有痛苦和伤心,让我们为此赞美神。

我听到这里,为麦克的父母深感悲伤。他们不仅在毫无思想准备的情况下失去爱子,还要听他们信仰的领袖说他们此时应该为儿子过早离世而高兴。他们感到受伤害,同时也感到气愤,他们感受到神对他们的不公,可是神的代言人却要让他们为发生的一切感谢神。

有时我们不愿意承认这世界充满了不公平,我们也试着说服我们自己所发生的一切并不真的那么糟糕。我们只是这样认为而已。那仅仅是我们的私念让我们伤心,因为

◀ 第一章　磨难不是善恶报应的结果

5岁的麦克现在与神住在一起，而不是和我们住在一起。有时，出于聪明，我们试着说服自己，我们所称的邪恶并不是真实的，根本就不存在，这只是一种不够好的状态，即使是阴冷我们也称之为"不够热"，或将黑暗称为"缺少光明"。依此我们可能会证明根本就不存在什么黑暗与寒冷。可是确实有人因黑暗而跌倒并受伤害，也有人因暴露在寒冷中而死去。这种死亡与伤害并不会因为我们在语言上玩小聪明而变得不够真实。

有时，我们的灵魂渴望公正，因为我们太想相信神对我们是公正的这一事实，我们寄希望于这个世界真是这样的。在这个生命以外的某个地方存在着另外一个世界，在那里"最后的会在最前"，并且那些在这个世界中过早逝去的生命会在将来的那个世界里与他们所爱的人团聚，然后永远生活在一起。

我和其他一些人都很难明白"希望"的真实含义。我们知道人死后尸体会朽坏。我至少还相信我们生命的一部分，即不属于肉体的那一部分，我们称之为灵魂和人格的那部分，没有死也不会死。但我无法想象离开肉体的灵魂是什么样子的。我们还能否认出没有肉体的灵魂就是那位我们所了解和爱过的人吗？一个幼年失去父亲的人之后活了一生，在我们死后的世界里是比他父亲年轻还是衰老呢？一个智力残障的人或者一个脾气暴躁的人在天堂里会变得完美吗？

有一些曾接近过死亡又活过来的人讲，他们见到了光，并受到他们所爱的已经死去的人的欢迎。我们的儿子死后，我们的女儿梦见过她也死了，并在天堂里得到哥哥的欢迎，哥哥已经完全长成正常人的模样，并且站在外婆的身边（她几年前就去世了）。显然我们无法区分她说的是一种真实的意象还是仅仅代表我们的一种愿望而已。

相信有来世，在那里无辜的生命会因他们曾经有过的痛苦而受到一定的补偿，这可以帮助人们忍受这人世间的不公，并不致失去信仰。但这同时也给人借口——不去理会我们身边的不公，也不因此而愤怒，也就不再用神赐给我们的智慧去试着做点什么。人处在我们这种境地所拥有

◀ 第一章　磨难不是善恶报应的结果

的实用智慧可能是对死后的来世保持开放的态度，它以我们在今世无法想象的形式出现。但另一方面，我们既然无法确信，我们最好对这一生认真对待。万一我们只有这一生，我们就该在这一生中去寻找意义和公正。

我们前面探讨的人们对不幸的一切反应至少都有一个共同的特征，那就是这些反应都认为神是不幸事件的始作俑者，人们都试着要弄明白为什么神让他们受此苦难。是为了我们好，还是来惩罚我们以前的恶行，还是神根本不在乎我们身边所发生的这些事？很多对这一问题的解答很具有敏感性和想象力，但都不令人满意。有些导致我们用自我谴责来捍卫神的尊严，另外一些令我们不顾事实并压抑自己的真实感受。我们变得要么怪自己罪有应得，要么就恨神将本不属于我们的加给我们。

或许还有另外一条思路，那就是根本不是神让我们受苦。这一切的发生是出于神的旨意以外的。《诗篇》曾经写道："我要向山举目。我的帮助从何而来。我的帮助从造天地的耶和华而来。"（《圣经·诗篇》第一百一十二篇

第一至二节）。它并没有说"我的痛苦从神而来"，也没说"我的不幸从神而来"，它说的是，"我的帮助从神而来"。

会不会神并不是我们周遭坏事产生的原因？有没有可能神并不决定哪家会生下有残疾的儿童，他也没有单单让罗恩被子弹击中而瘫痪或让海伦得衰竭病，事实上他是站在那里随时来帮助他们也帮助我们面对灾难，让我们走出与神隔绝的内疚与愤怒。会不会问"神为什么这样对待我"这样一个问题本身就是错误的呢？

《圣经》上记载了一位恐怕是所有文学作品所能描述的人类最彻底的一个苦难经历，这卷书就是《约伯记》。我们现在就来好好看看这卷书。

第二章 约伯的故事及其解读

大约2500年以前，在一个未知的地方住着一位无论是物质还是精神上都比世上任何人富有的人，他的名字叫约伯。他是一位非常有感知力的人，他见到过身边有好人生病死去，也见过骄傲自私的人兴旺。他听到过所有有学问的、聪明的以及虔诚的人对人生的解释，但跟我们今天的人一样，没有一样解释令他满意。因为他是那个年代少有的有文化、有智慧的人，他写下了一部有关为什么神允许坏事发生在好人身上的长篇哲学诗。这部诗收入《圣经》，称为《约伯记》。

托马斯·卡莱尔将《约伯记》称为世上所有时代所有语言中最美的诗歌，是人类第一部对人的命运以及神在地上与人同在的宣言。无论是《圣经》还是其他的文学作品，没有任何一部可以与之媲美。我一听说有这卷书，就对它非常着迷，我反复研究此书，读了又读，并讲解过很多遍。有人说就像每一个演员都想演哈姆雷特一样，每一位读《圣经》的学生都想写一部注解《约伯记》的书。这是一本难解的书，也是一本探讨最根本问题的最深入最优美的书，这个问题就是为什么神让好人遭难。这本书的论点很难理解。因为作者在阐述这些论点时自己似乎也并不接受；另外一个原因是，本书是用优雅的希伯来文写的，几千年以后，很难翻译。如果你对比两种不同的英文译本，你可能会怀疑它们是否是出自对同一本书的翻译。其中有一个关键句子可以被译成"我将惧怕神"，也可以译成"我将不惧怕神"，根本无法知道作者的本意是什么。与此相似的另外一个有关信仰的句子是"我知道我的救世主活着"，可以被译为"我希望在我还在世时得到拯救"。但本书大部分还是写得非常清晰和有力的，我们能对其余大部分运用我们的翻译技巧。

◀ 第二章　约伯的故事及其解读

　　约伯是谁？这本以约伯命名的书到底讲的是什么？很多学者相信，在很久很久以前，一定有一个有名的民间传说，有为了加强人们宗教信仰的意味，讲到一位非常虔诚的人，名叫约伯。约伯这个人真的是太好太完美了，从一开始你就能读出这不是一个真实存在的人。这是一部讲述很久很久以前的一个好人遭难的书。

　　书中讲到，有一天撒旦在神面前讲述地上人类所犯的种种罪行。神对撒旦说："你有没有注意到我的仆人约伯。地上无一人像他，他是一个从来不犯罪的、完全的好人。"撒旦对神说："约伯当然又虔诚又顺服。你赐给他富有，让他的生命充满价值。把这一切祝福都拿走，你看他还能做多久你顺服的奴仆。"

　　神接受了撒旦的挑战。没有预先警告约伯将要发生的事，神摧毁了约伯的房子、牲畜，也杀死了他的孩子。他让约伯身上到处长满疹疮，让他随时都能感受到肌体的痛苦。约伯的妻子催促他诅咒神，哪怕这意味着约伯可能会因此而死。神给约伯的没有比他已经有的更糟的了。约伯的三个朋友跑过来安慰约伯，他们也让他放弃忠心，如果这就是忠于神所得到的报偿的话。但是约伯保持住了他对神的信心。没有任何事可以让他放弃对神的忠诚。最后，神出现，斥责那三位朋友所给的建议，奖励约伯的信心。神给予他新家、新的家具、新的儿女。故事的含义是，当你遇到困难时，一定不要放弃你对神的信心。他所做一切的背后必定有原因。如果你能将信仰再坚持得长久一些的话，他会补偿你所遭受的一切。

一代又一代，一定有很多人在传述这个故事。毫无疑问，有些人确实从这个故事中得到安慰。也有些人在听到约伯的故事以后自惭形秽，因为他们老是犹豫和抱怨。我们这一无名的作者对这个故事很不满意。这故事让我们信的是怎样一位神？他杀死无辜的孩子，让他最忠心的仆人备受痛苦，而这一切仅仅是为了证明一个观点，让我们觉得，仅仅是为了赢得与撒旦的赌博。这个故事让我们信的是怎样的宗教？从盲目的顺服中获取快乐，自认为有罪所以承受不公正？这位作者对这个古老寓言非常失望，他取

◀ 第二章　约伯的故事及其解读

材于这个故事，却将之从里到外彻底改变了，他把这个故事改编成一首哲学诗，诗中的几个人物的立场变了。诗歌中，约伯的确是对神有抱怨，他的朋友却是传统神学的捍卫者，坚持所谓的"坏事不降临好人身上"。

约伯的孩子们死了，他自己也浑身长疮，约伯的三个朋友前来安慰他，话中充满了虔诚。总之，他们宣讲的是原版寓言故事中的观点：不管遇到任何事情，都不要失去信心。在天之上有一位爱我们的父亲，在他眼中好人繁荣，恶人遭殃。

约伯本人可能对悲哀中的人说过无数遍同样的话，而现在他终于第一次意识到这种话是怎样的空洞和令人反感。你这话是什么意思啊？在神眼中好人繁荣，恶人遭殃。你的意思是说，我的孩子是恶人，所以他们才会死？或者是说因为我是恶人，这一切才会发生在我身上？我在哪方面做得糟糕至极？我做的哪件事比你做的坏很多以致要忍受如此糟糕的命运？

他的朋友被辩得哑口无言，于是他们又说，一个人不

43

能期待神告诉他他做了什么错事受到惩罚。(至此,事实上,他的一个朋友说的是:"你想跟神要什么呢?有关你何时撒了什么谎、何时忽略一个乞丐的细目表吗?神忙于操作这个世界,哪有时间邀请你跟他细查你的那本账?")我们都会相信世上无完人,神知道他在做什么,如果我们不这样看的话,这世界就乱套了,令人无法生存。

于是这样的争论继续下去,约伯并没说自己是完人,但他说他的确是努力了,比大多数的人都更努力地过着良好而又体面的生活。如果神是一位慈爱的神,他为什么要时刻监视着人,随时因某人良好记录中的一点不完美而打击他,以此来展示公正呢?神还怎么能被称为公正的,如果他不惩罚许许多多的恶人却来如此严厉地惩罚约伯这样的人?

对话越来越激烈,甚至充满愤怒。他的朋友说:"约伯,你还真把我们给骗了。你给我们的印象是你是一位又虔诚又忠于信仰的人。现在我们都看明白了,生活中稍有不快,你就把信仰抛在脑后。你其实是一位又骄傲又顽固又没有耐心并且还出言不逊的人,难怪神在你身上这样

第二章　约伯的故事及其解读

做。这正好证明我们的观点，人可以轻而易举地受到欺骗，看不出谁是圣贤谁是罪人，但你骗不了神。"

经过三轮的辩论，我们看到约伯不断地抱怨，而他的三个朋友也不断地捍卫着神，本书出现了一个高潮。作者非常聪明地让约伯运用《圣经》犯罪学的原则：如果一个人在毫无证据的前提下被指定为做错了事，这个人可以发誓，来宣称自己的无辜。至此，控告人要么拿出证据，要么放弃起诉。经过长篇雄辩，占据了《约伯记》的二十九、三十两章的篇幅，约伯发誓宣称自己是无辜的。他说他从未不理睬穷人，从来没有拿过不属于自己的东西，也从来不夸耀自己的财富或以他人的不幸为乐。他挑战神让神露面，拿出证据来，否则就承认约伯是对的，他所受的苦难是错误的。

神果然出现了。

天空突然出现巨大的旋风，卷起风沙，在风暴之巅，神回复约伯。约伯的案子实在是太惊天动地了，他的挑战也太强有力，连神都要亲自来到人间回应他。但是神的回应太难懂。他一点都没有提及约伯的案子，也没有历数约伯的罪行，更没有解释为什么约伯会受苦。相反，神对约伯说，你了解宇宙是怎样运转的吗？

> 我奠定大地根基的时候，你在哪里呢？
> 你若有聪明，就只管说吧。
> 你一定晓得是谁定大地的尺度，
> 是谁把准绳拉在大地之上。
> 我为海定界限，又安置门闩和门户，
> 说：你只可到这里，不可越过，你狂傲的波浪要在这里止住。
> 你曾入过雪库，或见过雹仓吗？
> 山岩间的野山羊的产期你能晓得吗？
> 马的大力是你所赐的吗？
> 大鹰上腾，在高处筑巢，是听你的吩咐吗？
> （《约伯记》第三十八章、第三十九章）[①]

[①] 此处诗仅为原诗的节录。——译者

第二章 约伯的故事及其解读

此时，一个全然不同的约伯回答说："我手掩住口，我说的已经太多，我不再说什么了！"

《约伯记》这本书恐怕是所有作品中最伟大、最全面和最彻底地讨论好人遭难的一本书。伟大之处在于作者非常公平地阐述了不同的观点，其中包括他并不接受的观点。尽管很明显他对约伯充满了同情，他在描述约伯的朋友的演说时也是精心策划、精心写出，像对待英雄的言辞一样。这就成就了一部伟大的文学作品，但同时也让人很难理解书中的信息。当神说："你怎敢挑战我是如何运作这个世界的？你对世界运行知道多少？"这就应该是对这一问题的最终话语吗，还是说这句话只是在重弹传统意义上的忠心这个老调？

为了试图了解本书的意义以及寻求答案，我们来看看书中所有人提到的三个命题，这三个命题也是大多数读者能够理解接受的。

命题一：神是全能的，也是世上万事发生的源泉。没有任何事的发生不是出于神的意愿。

命题二：神是公正的，施行善有善报、恶有恶报。因此好人昌盛，恶人遭殃。

命题三：约伯是一个好人。

只要约伯健康富有，我们都相信这三个命题可以同时存在，一点困难也没有。可一旦约伯遭难，他失去家庭和健康，问题就出现了。我们无法理解三个命题能同时成立。我们只能接受其中两个命题，否定其余的那个命题。

如果神既公正又全能，那么约伯就一定是一位罪有应得的罪人。如果约伯是好人但神还是要让他经历苦难，那么神就不公正。如果约伯该得好报，神并没有把喜乐赐予他，那神就不可能是全能的。

约伯的朋友决定放弃相信命题三，即约伯是好人。他们还想继续相信神正如他们所了解的。他们想要相信神是好的并能掌管一切。相信这一切的唯一途径就是说服自己相信约伯是罪有应得的。

他们一开始真的是想来安慰约伯，让他感觉好点儿。他们引经据典地来安抚约伯。他们想安慰约伯，跟他说这

◀ 第二章 约伯的故事及其解读

世界实际上是合理的,并不是混乱无序的。但他们不明白,他们要想弄明白这个世界以及约伯的苦难,就得相信约伯是罪有应得的。说什么在神的世界里万事都行得通也许能对不相关的路人起到安慰的作用,但对遭受苦难、不幸的人来说简直就是侮辱。"振奋起来吧,约伯,不是你的,就不会来。"这种话对于处在约伯遭遇的这种境遇的人来说一点都不令人振奋。

但约伯的朋友实在是很难说别的。他们信神,并且想继续相信神是良善和全能的。如果约伯是无辜的,那神就犯了错误——他让无辜之人受难。这样算来,相信约伯不是好人总比相信神不完美更容易一些。

也可能约伯的安慰者无法客观对待在他们的朋友身上发生的事。当不幸降临在约伯而不是他们自己身上时,他们的反应是既内疚又庆幸,为此,他们的思维也可能被弄糊涂了。有一个德文的心理学词汇,叫作"Schadenfreude",指的是当坏事发生在别人身上而不是自己身上时所产生的令人尴尬的庆幸感。在战场上,当士兵看到距离自己20码以外的朋友中弹身亡而自己却毫发无损；一位小学生看到别的孩子考试作弊被抓到——虽然他们不想他们的朋友倒霉，但还是情不自禁地庆幸这事是发生在别人身上而不是自己身上。就像前面讲到的安慰海伦的朋友们，他们内心可能会说："这种事可以轻而易举地发生在我身上。"但他们却把这个念头压下去，反而说："不，绝对不会，这种事发生在她身上而不是我身上定有原因。"

我们随处可见这种心理作用，谴责受难者，这样邪恶就显得不那么无理、可怕。如果犹太人的表现有所不同的话，希特勒也就不非得杀死他们。如果这位年轻姑娘不穿得那么花枝招展的话，那人也不会去攻击她。如果那些人勤奋点，他们也不会那么穷。如果这个社会上的一些人不去用让他们负担不起的东西的话，那些人也不会去行窃。谴责受难者可以安抚人们说这个世界并没有看上去那么可怕，有人遭难背后必有原因。这种思维能让幸运的人相信自己的好运是他们该得的，而不单纯是运气。这让每个人都感到好受——当然除了受难者，这时他不仅要忍受最初

◀ 第二章 约伯的故事及其解读

的苦难，还要在此之上再承受来自社会的谴责。这就是约伯的朋友所采取的方式，这种方式可能能解决他们自己的问题，却解决不了约伯的问题，也解决不了我们的问题。

约伯从他自己的角度，不愿意为了成全宗教意义上的完全就承认自己是个恶人。他知识足够丰富，有一点是他明明白白知道的，那就是他绝对清楚自己不是个坏人。他可能算不上是个完人，但他不比别人差，以任何道德标准来衡量，他都不至于罪大到失去房屋、子女、财产以及健康，而别人却能拥有这一切。他不想以撒谎来维护神的名誉。

约伯的解决办法就是拒绝第二个命题，即神的完美。约伯是个好人，但神太强大了以致不受公正的约束。

哲学家可能会这样认为：神可以选择公正地给人应得的，恶有恶报，善有善报。但我们能从逻辑上说万能的神必须得公正吗？要是我们依自己的道德标准来强迫神保护我们，他还能算得上是万能的吗？或者说他不就退化成一种宇宙自动售货机，只要我们放对了硬币，我们就能得到我们自己想要的（如果硬币投进去，售货机不给出我们想要的，就连踢带踹）？据说有一位上古的贤人面对世上的不公也能欢喜快乐，他说："我现在能出于爱而不是自私的缘故做神让我做的事。"也就是说，他选择做一位高尚恭顺之人完全是出于对神的爱，而不是考虑做高尚恭顺之人必能得到好报。他能爱神哪怕神不爱他。这种解释的问题所在是一方面宣扬道德公义，另一方面却又赞美神真的是太伟大了以致他可以不受道德公义的限制。

约伯把神看成是凌驾于公义之上的，太强大了以致没有任何法规适用于他。神被看成是好像一位东方神圣，拥有一切超越于生命和财产的能力。事实上，旧的有关约伯的寓言就是把神描述成一位不惜用超越道德的方式来折磨约伯的神，以此来考验约伯对他的忠诚。他觉得反正以后能再大大地奖励约伯，一切也就都扯平了。寓言中的神好像是一位（毫无安全感的）古代的君王，奖赏臣民是出于他们对他的忠心而不是因为他们做得好。

所以约伯特别想在神和他之间有这样一位裁判，连神

◀ 第二章 约伯的故事及其解读

也得向他解释自己的所作所为。但一到神这儿,约伯只能可怜巴巴地承认,没有规则可言。"看呐,他随手一挥,谁人能抵挡?谁敢对他说,你干什么呢?"

约伯该怎样来弄懂他自己的不幸?他说,我们生活在一个没有公正的世界里,根本无法期待公义。的确有一位神存在,但这位神不受公义的约束。

《约伯记》的作者是怎么想的呢?他对生活中的不公这样一个谜又做怎样的解释呢?从书中很难看出他的立场和他心里对这个问题的答案。很清楚的是,作者把他的立场以神在风中的独白的方式表达出来,这段独白也就成了本书的高潮。但它到底是什么意思呢?是不是单纯就是约伯沉默了,因他看到神的存在,宇宙中确实有一位主宰?可是约伯从没有怀疑过这一点,他怀疑的是神的怜悯性、责任心以及公正性,而非他的存在。是不是说神太强大了以致于他无须向约伯解释自己?可这一点正是书中约伯自始至终认为的:有一位神,他无所不能,无须受公义的束缚。作者通过神的独白到底要解释什么新的道理呢?如果他说的就是这样的话，神完全同意约伯，那约伯为什么还要道歉呢？

是不是像某些注释者说的，神在做出生死决断时除了要考虑每个个体的福利，还要考虑其他的因素？是不是说从我们人类的视角来看，疾病和生意上的失败再重要不过了，但神心中装着更重要的事情？是不是说《圣经》的宗旨强调以人的品德为本，重视人生命的神圣不可侵犯性，这一点对于神来说无足轻重，而博爱、公正以及人类个体的尊严是出自神以外的力量？如果以上观点属实，我们中的很多人就会不惜离开神，去寻求和膜拜那个赐予人类博爱、公正以及个体尊严的力量所在。

我认为《约伯记》的作者采取的立场既不同于约伯，也不同于约伯的朋友。他相信神的仁慈以及约伯的善良，并打算放弃对命题一的信仰，即神是全能的。在这个世界上坏事的确发生在好人身上，但不完全出于神的旨意。神希望人人都得到他们所应得的，但他没有总是这样来安排。当面对选择神到底是仁慈但并非全能还是虽万能但并

◀ 第二章 约伯的故事及其解读

不完全善良之时,《约伯记》的作者选择了前者即相信神的仁慈性。

整本书最重要的几段话恐怕要算神在风中的独白的后半部分,即第四十章第九至十四节:

> 你有神那样的膀臂么?
> 你能像他发雷声么?
> 要发出你满腔的怒气,见一切骄傲的人,使他降卑。
> 见一切骄傲的人,将他制伏,把恶人践踏在本处。
> 将他们一同隐藏在尘土中,
> 我就认你右手能救自己。

我认为这几段话的意思是:"如果你认为维持这个世界不混乱以及真实,不让一切不公的事情出现是一件容易的事的话,你就来试试。"神想让正直的人享有和平与快乐的生活,但有时即使是神也做不到这一点。这简直是太难了，连神都很难让无辜之人完全免于遭受残忍和混乱的事情。但是若没有神，人类能做得更好吗？

神继续他的独白，在第四十一章里，神与海里的毒蛇决斗。经过努力，神把它擒入网中，用钩穿它的腮骨，但这实在不是一件容易的事。海里的毒蛇象征着世界上所有无法控制的混沌与邪恶势力（如古老神话中所说的），作者的意思是即使是神也很难分出时间来总是察看和约束邪恶势力进行的破坏。

无辜之人这一生会遭遇不幸。有很多倒霉的事本不该发生在他们身上——比如失去工作、生病、孩子遭罪或让他们遭罪。但倒霉的事来了，并不能说是神在以此惩罚他们的不好行为。倒霉之事根本就不来自神。

这种结论可能让人有种失望感。从某种意义上来说，相信有一位无所不知、无所不能的神公平地审判世人，确保所有的事都有一个圆满的结局，并安慰我们万事都事出有因，确实能给人带来很大安慰，就像我们相信我们的父母总比我们知道的多且更有智慧，并有能力把所有的事摆

◀ 第二章 约伯的故事及其解读

平,这样一来生活似乎会轻松容易一些。但这种想法带给人的安慰感正像约伯的朋友所信的宗教带给人的安慰感一样,只要我们不把无辜的受难者当回事,这种安慰就有效。当我们碰见约伯,或者我们就是约伯时,我们就无法再继续相信这种神而内心不感到愤怒、不感到我们饱受生活的虐待。

从这个角度,我们必定得出结论,相信这一切的发生与神无关。如果神代表公正但不代表全能,坏事发生在我们身上时神还可以站在我们一边。他知道我们是善良诚实之人,本应得好报。我们的不幸不是出于神,这样我们还可以寻求神的帮助。我们的问题不再和约伯的问题一样,即"神啊,你为什么这样待我"。相反,我们会问:"神啊,你看到我身上发生的事没有?你能帮助我吗?"这样我们就会来到神面前,不是寻求审判或谅解,不是为了求奖赏或惩罚,而是为了找寻力量和安慰。

如果我们跟约伯及他的朋友一样,从小就生长在一个相信有一位智慧无比、全知全能的神的环境中的话,我们可能会跟约伯的朋友们一样很难改变我们以前对神的认识（正如当我们还是孩童的时候，很难相信我们的父母并不是全能的。玩具坏了，只能扔掉，他们没法把它修好）。如果我们能让自己相信有些事并不在神的掌控之中，很多坏事就能迎刃而解。

我们就能转向神，让他为我们做一些他能做的，而不是不现实地期待他为我们做一些不可能实现的事。我们可以对所发生的事心生愤怒，而不用担心这种愤怒是指向神。不仅如此，我们可以意识到这种愤怒是出于对生活的不公，看到他人受难我们会不自觉地心生怜悯，因为这一切情感本出于神，是他教我们愤恨不公、同情受难之人。我们就不会感到自己是站在神的对立面，我们也可以感到我们的愤怒是神借助我们所表达的对不平之事的愤慨，这样当我们大声疾呼时，我们是站在神的一边，他也站在我们的一边。

第三章

有时坏事发生并无原因可循

一天晚上正当我完成一篇讲道的时候，有一位女士问我："如果坏事发生在我们身上完全是出于运气不好，跟神的旨意无关，又是什么导致坏运气呢？"我无言以对。凭直觉我想说没有什么力量导致坏运气出现，它就是出现了，但我感觉好像还有比这样的回答更好的解释。

这一艰深的哲学理念恐怕是本书涉及的所有内容中最关键的问题：你能否接受有些事发生根本就找不出任何根据，宇宙是无序的这一理念？有些人没法接受这一观点。他们总是寻求联系，努力寻找所有事情发生的原因。他们宁愿说服自己相信神是残忍的，或者他们自己是有罪之人，也不愿意接受宇宙的无序性。有时，他们能解释发生在他们周围的 90% 的事情，他们就认为另外的 10% 也是事出有因的，只是他们还不知晓罢了。但我们为什么一定要坚持万事都有一个合理的解释呢？为什么所有的事都必须事出有因？为什么我们不能让这个宇宙有些许不完善？

我能多多少少理解为什么突然之间有人会鬼迷心窍，拿起手枪冲到街上，向陌生人开枪。可能他是一位退伍军人，被记忆中旧日战场上所看到的事纠缠；也可能他实在不能忍受在生活中或工作中所遭遇的种种挫折和抛弃，他完全不被当人看，没人把他当回事儿，以致他忍无可忍做出决定："我得让他们知道我到底是谁。"

抓起手枪乱伤无辜是完全不可理喻的一件事，这我能理解。我不能理解的是为什么史密斯夫人正好会在那个时刻走在街上，而布朗太太一时兴起迈进一家商店使她逃过一劫。为什么琼斯先生刚巧在过马路，一下子撞上那位持枪的疯子，而格林先生，一位从不在早餐时喝一杯以上咖啡的人那天突然决定再喝一杯咖啡，结果他刚好在枪击发生时还在家里。很多人的生命就因为这样一件看似微小且

◀ 第三章　有时坏事发生并无原因可循

毫无计划的事件发生了改变。

我知道干热的天气里几个星期没下雨会增加森林着火的概率，以至于一个火星、一根火柴或者太阳直射到一小片碎玻璃都可能引起山火。我也明白火势会受风向等一些因素的影响。但是没有任何理由可以解释为什么风和天气一起作怪，在某日某时将山火带给一些人家而不是另一些人家，让某些人遇难而另一些人免灾，这纯粹是运气吗？

当男女相爱结合时，男人射出上千万的精子，每一个精子携带略微不同的生物遗传特征。这里没有一个道义上的高智能决定哪一个精子最终会与卵子结合。有些精子可能会导致出生的孩子先天残疾，也有可能导致致命的疾病；另外一些精子不仅能给孩子健康的身体，还有超凡的运动肌肉技能或创造力。这个孩子的一生将会彻底改变，连他的父母和亲戚的生活也会受到这一随机因素影响。

有些时候，更多生命会受到影响。罗伯特和苏珊娜·马希的儿子得了血友病，他们所能做的跟其他有病的孩子的父母一样，阅读所有他们能找到的跟孩子的病有关的资料。他们了解到俄罗斯最后一位沙皇的独生子也是血友病患者。在读《尼古拉斯和亚历山大》一书时，罗伯特推测这个孩子之所以得病可能是因为一个"错误的"精子与一个"错误的"卵子随机结合所致，而这一事实令皇室父母心烦意乱、难过至极，影响了他们治理国家的能力。他认为正是因为这一随机的基因改变导致了欧洲这个人口最多的国家政体发生了改变，影响了20世纪所有人的生活。

有人觉得每件事背后都有神的大手在掌管。我到医院去探望一位妇女，她驾驶的车被一个酒后驾驶的人闯过红灯后撞上。她的车被彻底撞烂了，但是奇迹般的，这位妇女只伤到两根肋骨，皮肤被飞来的玻璃划了几道。她在病床上看着我说："我现在相信神的存在。如果我能从这样的车祸中生还并完好无损，神一定在那儿看顾我。"我微笑着安静地坐在那儿，不惜让她觉得我同意她的观点（有哪个拉比愿意站在神的对立面），因为这不是进行宗教研

◀ 第三章　有时坏事发生并无原因可循

讨的场合。但我的心却回到两个星期前我所主持的一个葬礼上，一位为夫为父的年轻人死于同样的酒后驾驶撞车事故中；我又想起另外一个例子，一个滑旱冰的小孩被一辆车撞死，司机逃逸；我还想起报纸上报道的所有那些死于汽车事故的故事。我面前的这位妇女可能相信她之所以能活着是因为神让她活着，我一点也不想劝她不要这样认为，但我和这位妇女对其他那些家庭能说什么呢？说他们的生命在神眼里不如这位妇女的有价值？神让他们在那时以那种方式死，不去救他们？

还记得在第一章中我们讨论过索尔顿·怀尔德的《圣路易斯勒雷的大桥》吗？当有 5 个人从桥上掉下摔死时，丘比特神父——进行调查，他了解到这 5 个人中的每一位都刚刚把他们的生活理顺。于是他做出结论：这个索桥的断裂不是一个事故，而是神的旨意的一种表现。没有事故可言。但当因物理作用或金属破裂导致飞机的机翼折断，或因人为的疏忽导致发动机失灵，以致飞机失事，200 人丧生，这难道是神的旨意让这 200 人那天踏上这架

65

死亡之机吗？而且如果第201个乘客去机场的路上因汽车车胎漏气误了飞机，对着起飞的飞机又是抱怨又是诅咒自己的坏运气，是不是神的旨意让这个人活下来而让其他人死呢？如果是，我倒要纳闷到底神要传递什么样的信息，他的奖罚似乎完全是随机的。

当马丁·路德·金1968年4月遇刺时，有很多议论说他已经过了作为黑人领袖的颠峰。很多人提及他在遇刺前一晚上的演讲，里面提到，他跟摩西一样，"已经来到山顶看见那应许之地"，这似乎在暗示，他会像摩西一样，在到达之前死去。不去承认他的逝世是一场无情的谋杀事件，很多人跟怀尔德的丘比特老兄一样，把这当成是神在最恰当的时候带走马丁·路德·金的证据，神是为了让他少受几年苦，因为他一直是一位被人拒绝的先知。我永远不会接受这种推理。我情愿认为神很关心他，不仅在乎一位黑人领袖的自尊，更在乎千万个黑人的需要。很难解释到底该用哪种方式解释金博士的遇害。我们为什么不能承认金博士的遇刺本身是对神的冒犯，正如是对我们的污辱

◁ 第三章 有时坏事发生并无原因可循

一样,神的旨意被转移了;相反,有人却要运用我们的想象无中生有地在谋杀的武器上找寻神的手印。

战士在战场上开枪的时候并不在乎敌人叫什么名字或长得什么样。他们也知道自己绝对不可以分心去考虑对方是不是一个善良、体面的人,是不是有一个和睦的家和一份美好的事业在等着他。士兵们都知道飞速穿梭的子弹没有良心,呼啸而来的炮弹并不会区别打中的是什么样的人,不会管死亡是否会给这个世界造成巨大的悲剧。这也就是为什么当兵的对生死持有某种宿命的观点,说子弹上有他们的名字,或者说他们的日子到了,而不说什么谁该死谁不该死。这也就是为什么军队尽量不把烈士家中剩下的唯一的儿子送到前线,因为军队明白不能靠神来公平决断。甚至连古老的《圣经》也提到让军队中刚刚结婚的或家里盖新房子的士兵回家,不至于让他死在战场上来不及享受。古代的以色列人虽深深地信奉神,也知道不能单靠神来裁决箭该射向谁。

让我们再问一遍:是不是万事有因,还是说有些事的发生是随机的,根本没有理由?

"起初",《圣经》告诉我们:"神创造天地。地是空虚混沌,渊面黑暗。"然后神开始用他神奇的创造之功,治理混沌,分清条理,让从前无序的变为有序。他将光与暗分开,将地面与天空分开、陆地与海洋分开。这就是创造的意义:不是无中生有,而是把无序变为有序。有创意的科学家或历史学家不会制造事实而是从事实中找出规律;他们能从看似混乱的数据中发现事实与事实的连接。有创意的作家不是去制造新词,而是将人们熟悉的词组织起来给我们讲述一件新鲜的故事。

所以神创造世界的最核心的法则就是有序、可预见性,以取代创造之初的混沌局面。日出日落有时,潮涨潮落有期,动植物以其种子繁殖,因此各从其类。到第六天结束的时候,神完成了他对这个世界计划中的全部创造,到第七天的时候,就安息了。

但想一想,假如神在第六天快要结束的时候还没完全完成他的工作……我们今天知道这个世界的创造用了几十

◀ 第三章　有时坏事发生并无原因可循

亿年的时间，而非六日。《创世记》中世界起源的故事非常重要但不可以字面的意义去理解。试想一下，世界的创造，也就是从无序到有序的过程仍在继续。这意味着什么呢？用《圣经》中六天创世的比喻，我们可能会觉得自己正处在第五天的某个时刻。人刚刚才被造出来没几个"小时"。世界基本上是有序的、可预测的，到处显示出神创造的精美完备以及奇妙工艺，可还是保留几片混沌。绝大多数的时间里，万事都依照固定的自然法则在运行，但是，偶尔的，有些事发生了，不是与自然规律相反，而是在规则以外。事情完全可以轻而易举地向不同方向发展。

就在我写到这儿的时候，新闻正在报道加勒比海发生了巨大海啸。气象学专家无法准确预测海啸是会留在海里，还是会袭击得克萨斯—路易斯安那州沿海人口密集的地区。以《圣经》的立场来看待索多玛与蛾摩拉大地震，那是神对那两个城市里的人的野蛮行径的惩罚。有些中世纪和梵蒂冈的思想家认为维苏威火山爆发以及庞贝城的毁灭是对这个不道德的社会的惩罚。即使是在当今，加利福尼亚州的地震被解释成是神对旧金山同性恋或者洛杉矶某些异性恋的作为。可是今天大多数人认为海啸、地震以及火山爆发完全是随机事件。我不会冒险预测海啸经过的路线是基于哪个社区的人罪有应得、哪个能幸免于难。

任何风向改变或板块移动都可能会使海啸或地震移向人口稠密的地区,而不是无人烟之地。为什么?天气模式的随机转换就可以让一块农田或旱或涝,一年的收成就毁了。酒后驾驶的司机在高速公路上稍微过了中间线,就撞上了前面的一辆绿色的切诺基而不是50英尺以外的红色福特车。飞机引擎的螺栓断裂正巧发生在205号航班而不是209号航班,随机地导致一家人而不是另外一家人的悲剧,以上这一切都不说明什么。这一切并不是神的选择,完全是随机的。随机是混乱的代名词,在这些宇宙的角落里没有神创造的光。混乱是罪恶,算不得错也算不得恶毒,但仍然算是罪恶,因为它将苦难加于人,等于是让人们无法相信神的美好。

有一次我问我的一个朋友,他是一位很有成就的物理

◀ 第三章　有时坏事发生并无原因可循

学家，我问他从科学的角度来看，这个世界是否将变得更加有秩序，是否随机性能随着时间增加或减少。他引用热力学第二定律来回答我的这个问题，即熵的法则：任何一个系统如果让它顺其自然地发展的话，都将向达到平衡的方向发展。他进一步解释说这意味着世界向更加无序的方向发展。想象一下有一罐玻璃球，依照颜色和大小被精心摆好，你越是晃动罐子，原来整齐有序的排列就越会被随机分布所代替，直到偶然地某个颜色和形状的玻璃球跟同它相同颜色和形状的玻璃球挨在一起。他说，这就是这个世界的未来。一次海啸可能会拐弯进入大海，让海边城市幸免于难，但从中去找寻理由和目的就不对了。一段时间之内，有些海啸可能会进入大海，不造成任何伤害，但有时候海啸会进入人口密集的地区造成巨大灾难。你越是想从中寻找规律，你越是看不到规律。

我跟他说我希望答案不是这样的。我本来期望能为《圣经》第一章找到科学公式，即每天过后，混乱就会减少一点，世界就会向有序的方向发展。他跟我说，爱因斯坦也犯了同样的错误，爱因斯坦对量子物理学不满意，用多年的时光来批驳它，因为它所遵循的法则是万事万物随机发生。爱因斯坦更情愿相信神不会跟宇宙掷骰子。

可能爱因斯坦和《创世记》是对的。一个系统让它顺其自然地发展最终会导致无序；另一方面，我们这个世界并不是任其发展的。可能有一个创造的力量在支配一切。神的灵在黑暗的水面上运行，经过千万年的操作，将混乱无序变为有序。可能宇宙的星期五下午正在向安息日迈进，也就是星期五的晚上，罪恶的影响力即将消失。

也可能神已经在亿万年前就结束了他自己的工作，把其余的交给我们。剩余的混乱、机遇、不幸，不是万事发生皆有原因，这些还要和我们在一起，即米尔顿·斯坦伯格所说的那种罪恶——"神创造的建筑中还未移开的脚手架"。这种情景下，我们能做的就是要学会适应它、面对它，接受地震和事故跟谋杀和抢劫一样都不是神的意愿所致，它存在于神的意志以外，我们愤怒和悲哀的也令神愤怒与悲哀。

第四章
偶然的灾难并不对好人例外

这个故事是关于一个从礼拜日学校①下了课回到家的男孩的。这一天学校里刚讲了《圣经》上摩西带领以色列人穿过红海的故事,他的妈妈问他在课堂上都听到了什么,他说:"以色列人逃出了埃及,但是埃及法老和他的军队在后面追。以色列人逃到了红海但是他们过不去,然而埃及军队离他们越来越近了。这时摩西掏出了对讲机,最后以色列空军轰炸了埃及,以色列海军建了座浮桥,然后他们就过去了。"男孩的母亲很惊讶:"这就是他们在

---

① 礼拜日学校:也称主日学校,一般是由教会组织的星期日对儿童进行宗教教育的学校。——译者

学校教给你的故事吗?""噢,不是的,"男孩说,"但是如果我照着他们教给我的方式给你讲这个故事,你绝对不会相信的。"

几百年前,人们认为自己找到了令人信服的神存在的证据:他们讲述着神是怎样分开红海,让以色列人从中穿过的;他们传颂着神因为正直的人的祈祷,而让晴空降下甘霖,让河水回溯倒流,让夕阳重归旭日;他们述说着但以理如何脱身于狮口,沙德拉、米煞、艾伯尼欧如何从燃烧的火炉中从容走出……这一切都只为证明一点:神如此地关爱我们,以至于他会为了他所眷顾之人,而让自然规律都凭空逆转、暂时失效。

然而今天的我们似乎越来越像那个从礼拜日学校放学的男孩,我们面对着让我们产生怀疑的故事。即使我们能够发现神存在的依据,这唯一令人信服的依据也是——自然的规律从未改变。神给我们创造了一个奇妙、精准和井然有序的世界。正是精准不变的自然法则,使这个世界得以生机盎然、经久不灭。这个世界中有重力——任何重物

第四章　偶然的灾难并不对好人例外

都会落向地面，所以建筑工人可以建造房屋，而不用担心建筑材料四处飘浮无法寻找；这个世界中有化学反应——不同种类的元素按照一定比例搭配总是产生相同的产物，所以医生能够按方开药、治病救人。我们可以推算出太阳在某一天何时升起、何时落下，我们甚至能够预测在某一天的哪个时刻，月亮会遮住太阳，让地球上的哪些区域产生日食。对于古代的人类来说，日食是个超自然的现象，他们把这看成是神警告他们的方式；对于今天的我们来说，这是个精准的自然现象，它恰恰说明了神给我们创造了一个怎样有序的世界。

我们的身体是神创造的奇迹，不是因为他们违反了自然的法则，而恰恰是因为他们严格遵守了这不变的规律：我们的消化系统从食物中提取营养，我们的皮肤通过出汗来调节体温，我们的瞳孔根据光线的变化而收缩或放大，即使当我们生病的时候，我们的身体依然依靠着固有的免疫系统来对抗疾病。尽管我们可能意识不到，但所有这些神奇的事情都是依照着自然规律发生的，而把红海分开这样的传说，才是真正的奇迹。

然而，不会变更的自然法则，在使药物救人、飞船上天的同时，也会造成很多问题：重力使物体下落，有时，它们会砸伤人；有时，重力会使人们从山顶和高楼上摔下去；有时，它会使人们在冰上滑倒、在水中下沉。离开了重力我们无法生存，但这也就意味着与此同时我们还得与它造成的各种危险并存着。

自然的法则是平等地对待每个人的。如果一个人进入传染病病人的房间，他就有被传染的可能，但这跟他出于什么原因进入这个房间没有关系。他可能是个医生，也可能是个飞贼，病毒细胞似乎不能区分这两者之间的区别。当李·哈维·奥斯瓦尔德①向约翰·肯尼迪总统射出那颗子弹的时候，自然的法则决定了它造成的结果。无论是子弹飞行的轨道还是造成伤害的严重程度，这一切跟肯尼迪

---

① 李·哈维·奥斯瓦尔德（Lee Harvey Oswald）：1964年刺杀美国肯尼迪总统的凶手。

◀ 第四章　偶然的灾难并不对好人例外

总统是不是个好人、世界会不会因为他没有死而变得更好都没有关系。

自然的法则对好人没有例外，一颗射出的子弹、一个癌变的肿瘤、一辆失控的汽车……它们都不会带着良心。这就是为什么好人也和其他人一样生老病死。不管礼拜日学校里怎样讲述着但以理或者约拿①的故事，神不会为了保护正直的人不受伤害，而中断或者改变自然法则。这是我们这个世界中的另一个部分，在这个部分里，坏事同样发生在好人身上，神既不造成也不阻止它们。

那么，如果神同样主宰这一切，我们生活的这个世界又会怎样呢？现在让我们假设一下：如果神能够决定坏事不会发生在好人身上，那么无论凶手奥斯瓦尔德如何准确地瞄准肯尼迪总统，神都会让这一枪打偏；即使总统专机"空军一号"掉了一个翅膀，神也会让它安全着陆。如果

---

① 约拿（Jonah）：犹太先知，遵从上帝的旨意前往美索布达米亚国家尼尼微向当地人民传道。

某些人能够因为被神眷顾而不受自然法则的约束，而另一部分人却不能幸免，那么这样一个世界会比我们所在的世界更好吗？

让我们进一步假设，如果我是那些被神眷顾，因而免于所有伤害的人们中的一个——因为我有一个小家庭，我为人善良，尽心尽力地帮助别人——那么又会如何呢？我可以大冬天在室外穿衬衫而不感冒吗？我能够在车流中横穿马路而毫发无损吗？我能够因为嫌电梯太慢，就直接从高楼上跳下来吗？一个好人和其他人一样面对充满各种危险的世界确实不够好，但一个好人能够免受自然法则约束的世界更糟糕。

很多保险公司把地震、海啸和其他自然灾害说成是"神的行为"。我不相信一场夺去数千无辜生命的地震会是神的作为。这是自然的作用。自然界是没有道德观的，它只会按照自己的规则行事，而从不会管横在它前面的是好是坏。神代表着正义、公平和良心，所以我觉得地震不可能是"神的行为"。人们在震后重建家园的勇气以及同

第四章 偶然的灾难并不对好人例外

胞们倾其所有，从四面八方赶往灾区奋力救助的义举，这些才是神的作为。

假如桥梁垮塌、大坝决堤、机翼断裂这些事故造成了人们的死亡，我在这当中看不到神的作为，我不相信神在惨剧发生的那一刻是希望这些人死去的。我也不相信他是希望一部分人死去，而另一部分虽然活下来但仍受谴责。我所相信的，是这一切惨剧都是大自然造成的，那些遭遇不幸的人们并不能因为道德上的原因而幸免于难。也许在未来的某一天，人类会将神赐予他们的智慧充分应用到自然灾害的研究上，让我们得以理解地震、海啸、金属物体断裂背后的物理原理，并懂得预报和预防它们。如果真有这么一天，就不再会有不幸的人们死于这些"神的行为"。

我不知道为什么有人生病，有人依然健康，但我可以肯定这背后一定有什么我们还不能充分理解的自然机理在发挥作用。我不相信神会因为某个原因，而向一个人"从天而降"下疾病。我不相信神会搞一个恶性肿瘤的每周配发份额表，然后再查着电脑，看哪个人最该得肿瘤，哪个人最不该扩散。"我究竟做错什么了，会遭这种天谴?"对于一个被检测出罹患癌症，并正在遭受痛苦的病人来说，说出这种话是可以理解的，但这个问题本身是错误的。我们生病或身体健康不是由神决定的。相比而言，可能"如果这种不幸发生在了我身上，我该怎么办，我可以使用哪些资源来进行应对"这样的问题，对我们更有益处。就像我们在上一章中提到的，把神当作道德准则的把关者，要比把他变成一切不公的总负责者，更能给我们省去很多不必要的痛苦。

也许我们该重新提出我们的问题，与其问为什么好人要和坏人一样遭受自然规律的伤害，还不如问问为什么是人都要遭受这些苦难：为什么人要生病？为什么人要痛苦？为什么人要死？如果神为我们设计了一个最有利于我们的世界，为什么他不创造一些使我们永不受害的自然规律呢？

◀ 第四章　偶然的灾难并不对好人例外

"仁慈的神，他是何等令人崇敬、至高无上，竟会认为有此必要，在他所创造的神圣系统中包含蛀齿？他究竟为何要在这世上创造痛苦呢？"

"痛苦？"西斯科夫中尉的妻子猛地抓住这个字眼，以胜利者的姿态说，"痛苦是一种有用的症状，痛苦是一种告诉我们身体有危险的警报。"

"那么又是谁创造了这些危险？"约赛连问道，"为什么他不能用个门铃，或者天堂唱诗班来提醒我们？或者在每个人的前额中央，设置一个霓虹灯系统，一蓝一红地闪烁，提醒我们？"

"那样的话，额头中央闪着红色霓虹灯，当然会看起来很蠢了。"

"现在他们疼得满地打滚，难道看起来就一定很美吗？"

（摘自约瑟夫·凯勒所著《第22条军规》）

为什么我们会感到痛苦？大约每40万个新生儿中就

有一个注定要有短暂而不幸的一生，没人会羡慕这种人生：在他短暂的一生当中，会不断地伤到自己，有时这种伤害甚至致命，而他们感觉不到。这种儿童患上了一种罕见的叫作"家族性自主神经异常"的遗传疾病，他们无法感受到痛苦。这样的儿童会割伤、烧伤自己，跌倒，骨折，但永远感觉不出哪里有异样。他们不会抱怨咽喉痛或者胃痛，他们的父母通常也不会知道他们已经病了，直到为时已晚。

我们当中会有谁想像他们那样没有痛苦地生活着呢？痛苦是活在世上令人不快但却不可少的一部分。作家约瑟夫·凯勒可能是想让他的主人公约赛连借着上面那一串问题开开玩笑，但事实上痛苦是大自然告知我们信息的一种途径：它让我们知道，我们正在使自己的身体超负荷工作，以致其中的某些部分已经承受不起这种重负。回忆一下你读到过的关于运动员提前结束职业生涯，甚至造成终身残疾的故事，这都是因为他们没有解决造成伤痛的病根，而是逼自己忘掉痛苦，或者用药物止痛。再想想那些

◀ 第四章　偶然的灾难并不对好人例外

被急救车送往医院的人，他们往往都在疼痛显出轻微征兆的时候忽略了它们，以致最终积重难返。

我们的肌肉过度收缩时，会感到痛苦。我们的手碰到滚烫的东西时，会感到痛苦。当我们的机体——这个异常复杂的机器出了问题的时候，痛苦就是发给我们的信号。我们可能会因为小时候父母打我们屁股，而觉得一些发生在我们身上的不愉快的事情是惩罚，进而误以为痛苦是神惩罚我们的方式。事实上，"痛苦"这个词就来源于表示"惩罚"的拉丁文词根"poena"。但是，痛苦并不意味着神在惩罚我们，而是表明大自然在告知人们：有些东西出问题了——不论这些人是好是坏。生活可能因为我们遭受了痛苦而变得令人难受，有人说过一个牙痛的人穿过一片树林，是无法欣赏它的美景的——因为他牙疼。但是，如果我们感觉不出痛苦，生活就会变得危机四伏，甚至直接致命。

骨折、烫伤……这些痛苦仍然属于低等动物的正常反射，人和其他动物在感受这些痛苦的时候没有本质区别。

当利器扎入你的身体时，你不需要一颗灵魂来感受它。但是，还有另一个层次的痛苦，只有人能感受到——人，能从其中寻找它的意义。

设想这样一种情况：科学家们发现了测量我们痛苦程度的方法，他们可以测出实际上偏头痛比膝盖痛更疼，他们还发现让人最疼的两件事情是生孩子和从体内排出肾结石。从纯生理的角度来说，这两件事情同样的疼，而且没有比它们更疼的了。但从人心的角度来看，这两种事情是有区别的。排肾结石只是单纯的痛苦，这是我们身体出现异样造成的结果；但生孩子是另一种痛苦，这种痛苦创造了生命，因而它是有意义的痛苦，它最终成就了某件事情。这就是为什么排肾结石的人经常说"我无论如何也不想再遭这种罪了"，但生完孩子的母亲还能像登顶的登山者一样，超越这种痛苦，并重复这样的经历。

痛苦是我们为活着付出的代价。死掉的细胞——我们的头发、我们的指甲——没法感到痛苦，它们什么都感觉不到。当我们明白了这一点，我们所提出的问题就会从

◀ 第四章 偶然的灾难并不对好人例外

"为什么我们必须遭受痛苦"变成"我们可以怎样使我们遭受的痛苦变成有意义的痛苦"。我们可能永远无法理解为什么我们无法控制造成我们痛苦的力量,但我们显然了解痛苦能把我们变成什么样的人:有人因为痛苦而变得愤懑不平,有人因为痛苦而变得更具爱心、更能体会别人的疾苦。让痛苦的经历有意义与否的是痛苦最终产生的结果,而非造成它们的原因。

为什么神要创造一个存在疾病的世界?我不知道为什么人们会得病甚至死亡,但我知道疾病是由病菌和病毒(虽然我本人没有亲眼见过病菌和病毒,但我相信我的医生是个正直诚实的人,他不会欺骗我)造成的。我怀疑人们会在他们抑郁的时候,或者因眼前的目标无法达到而消沉的时候得病,因为我知道,当人们能感受到有人在关怀自己并且心里有指望的时候,他们会从疾病中康复得更快。我并不了解为什么我们身体遭受的最严重的侵害总是来自细菌、病毒和恶性肿瘤,但是我知道我们身体的细胞在不断地复制和死亡——这使我们个体的成长成为可能,我们划破和跌青的皮肤也能因此得到修复。我知道当外界的物质侵入我们的身体时，我们能调整我们的免疫系统以专门防御它们，而这样的调整往往造成我们的体温上升，变成发烧。我知道我们的骨头有足够的柔韧性，也足够轻，这使我们能够轻松地走动，但也让我们在严重的扭伤中变得十分脆弱。对一个因为不是他造成的事故而截肢的年轻人，这样的事故实在太不幸了，但至少这是遵循了自然规律的。

如果我们对人类身体工作的机理了解得越来越多，就像我们对自然界的规律了解得越来越多一样，我们就能得到更多的答案。迄今为止，我们已经知道了我们不能够无视自己的健康，无节制地滥用我们的身体，否则就会使一些对我们有害的事情更有可能发生。我们的身体非常敏感，以至于我们所做的每件事都会对它造成相应的影响。每天两包、抽烟抽了二十年的肺癌患者所面对的问题是，尽管他的境遇令人同情，但他没有资格在不幸发生之时问："为什么神要这样对我？"身体严重超重的人，他的

第四章　偶然的灾难并不对好人例外

心脏要费力地把血液输送给几千万个多余的细胞，当他的心血管系统为此付出代价的时候，他没有理由向神抱怨。当然，当那些为了高尚的事业而不分昼夜、呕心沥血，忽视了自己健康的医生、牧师和政治家们最终积劳成疾时，他们也没法向神抱怨。

然而为什么要有癌症呢？为什么要有失明、糖尿病、高血压和肾衰竭呢？为什么我们没有危害健康的生活习惯，我们的身体仍然会自己出现病变呢？要说人脑痴呆是由染色体缺陷造成的，这恐怕不能真正解释清楚什么。那为什么染色体又会有缺陷呢？为什么一个人后半生的幸福又取决于此呢？

对于这些问题，我没有一个完美的答案。我所知道的最令人满意的答案是：人类是迄今为止生物漫长进化过程中最高级的形态。曾几何时，地球上唯一的生物只有植物，很久之后才有了两栖动物。生物越进化，就变得越复杂，直到最后出现了人类。生命是由简单向复杂发展的，所以遗留了一些进化过程中较低阶段的问题和缺陷。和植物一样，我们的身体面对伤害和衰老依然很脆弱；同动物一样，我们会生老病死。但与其他动物相比，人类有一项优势：如果动物体内出了什么问题，或者它们因为骨折而造成残废，它们就很难再进行交配，因而无法把它们存在缺陷的基因遗传给它们的后代。依照这样的规律，对环境不能充分适应的基因在动物体内逐渐消退，繁育出的后代们发育得更加充分、强壮和健康。

人类并不是按照这种方式演化的。一个有着诸如糖尿病等遗传缺陷，但充满魅力的人，依然能够结婚生子，这是没有人可以否认的。但在这结婚生子的过程当中，他就给这个世界带来一个有着潜在生理缺陷的新生儿。

请试想一下下面这一系列事情：在产房里，一个刚出生的婴儿因为他父母基因的遗传而患上了威胁到他生命的先天性心脏病。假如他出生后不久便夭折了，他的父母会悲伤而沮丧地回到家里，责问神为什么这一切会发生。但不久之后，他们就会把眼前的不幸放下，努力朝前看，让生活继续。

◀ 第四章 偶然的灾难并不对好人例外

假如,这个孩子并没有死。借助现代医药和高科技以及医护人员无私的呵护,他活下来了。他渐渐长大,只是身体非常脆弱,无法参加任何体育运动,但他聪明、乐观,在同龄人中颇受欢迎。长大之后,他成为一名医生、教授或诗人,他结婚生子,在他所从事的职业圈子里受到了普遍的尊重,在他居住的社区也颇受欢迎;他有一个深爱他的家庭,他认识的人都很信赖他,可就在他将近不惑之年的时候,死神终于抓住了他。出生时就险些夺去他生命的先天性心脏病终于再次发作,这一次,他没能逃脱。

我们可以避免许多诸如此类的悲剧发生——比如让这些有先天疾患的新生儿在出生的时候就死去;比如不千方百计地救护这些患儿,使他们无法从幼年的各种疾病和危险中幸免;比如只允许最健康的人结婚和生育。但是这一切终究只是动物所为,动物可以据此避免有缺陷的基因遗传给后代,作为人类,基于起码的道德和良知,我们会那样做吗?

就在我写这段话的时候,我想起了一个我们社区里的年轻人,他正因为遗传的衰退性疾病而一步步濒临死亡。我想,如果把这个基于生物学的推测告诉他,是不会有任何精神上的安慰的,除非我们想去扮演约伯的安慰者①那样的角色,否则知道他的病遵循了自然法则有什么用呢?

约伯向神询问不解的问题,我们那位可怜的年轻人需要的不是一节神学课程,而是对他的同情和关心。这会让他确信自己是个好人,是个被朋友们珍视的伙伴。我的邻居向我问起过他的病情,但是我们误解了他究竟需要什么,我们以为他需要上一堂关于生物和基因学的课。就像约伯一样,他需要知道的是发生在他身上的事是非常不公平的,他需要帮助,这帮助能令他的意志坚强、不再动摇,如此他才能够憧憬自己的未来——到时候他能够思考,能够规划,能够自己做出决定。这样即使他不能游泳,甚至不能走路,但至少不会成为一个无助的、依赖别

---

① 约伯的安慰者:取自《圣经》旧约中的典故,指没有帮上忙却反而增加对方痛苦的安慰者。

◀ 第四章 偶然的灾难并不对好人例外

人的残废。

我不知道为什么我的那位邻居和朋友会得病、走向死亡并遭受长期的痛苦。从我信仰的角度来看，我不能告诉他，神赋予他如此悲惨的命运是有原因的；我不能告诉他，神因为特别垂青他或者因为欣赏他的勇气才故意用这种方式来考验他。我只能告诉他，我所信的神没有给他降下疾病，也没有手握能治愈这种疾病的神奇的良方。但在我们脆弱的躯壳里所盛装着的不朽的精神世界里，神给那些不是因他们之错而受苦受难的人以力量与勇气。我可以帮助他想起，他不仅仅是一具残废等死的臭皮囊，他还有心爱的妻子儿女，还有很多朋友，还有足够坚硬的灵魂帮助他一直走到在这世上的最后一天。

我不知道为什么人注定要死去，我也不知道为什么人要在某时某刻以某种特定的方式死去。要解答这个问题，也许我们该试想一下人们获得永生的世界会是什么样子。

当我还是大学一年级新生的时候，衰老和死亡对我这个少不更事的年轻人来说是很遥远的事情。但我上大一时有一门课程是世界文学经典，在这门课里我阅读了两篇关于死亡和不朽的讨论，它们是如此地令我印象深刻，以至于30年后我依然记忆犹新。

在荷马的《奥德赛》中，有一个段落是尤利西斯遇见了海之公主、神的女儿卡吕普索。卡吕普索具有神性，因此不会死去。她见到尤利西斯很惊喜，因为以前从未见过一个会死的人。继续往下读我们就会发现卡吕普索其实羡慕尤利西斯，因为他不会永生。正因为他的时间是有限的，他的生命才变得更富有意义，他的每个决定才能产生更重要的结果，他的每个选择才能成为真正的选择。

之后我又读了斯威福特的《格列佛游记》。在拉格奈格岛上，每一代新出生的儿童中会有一两个在刚出世时额头上有一个红色的圆点，这个标志意味着他们永远不会死。格列佛在想象中把这些儿童当成最幸运的人："生来就不用受人必有一死这个永恒规律的约束。"但当他随后见到他们的时候，他才意识到这些人是最痛苦和最不幸的一群生物。他们会慢慢衰老，自己的朋友和同龄人都会相

◀ 第四章　偶然的灾难并不对好人例外

继离去。在80岁那年，他们的财产要被剥夺，移交给他们的子女，否则子女就永远不会从他们那里继承财产了。他们百病缠身，受尽生活的折磨，而且永远不能指望从中解脱。

荷马向我们展现了一个羡慕我们会死的永生之人，斯威福特让我们同情那些无法死去的人。他希望我们明白，活在世上，知道我们必有一死或许有点可怕和悲伤，但这比知道我们永远没法死去可能好很多。我们或许期望拥有更长或者更幸福的一生，但是我们如何承受得起一个没有尽头的一生呢？对我们很多人来说，死，是完结我们生命中的痛苦的时刻。

如果人们长生不死，那么下面这两件事中必定有一件要发生：要么世界会变得无比拥挤，要么人类会停止生育子女以避免这种过度的拥挤。人类将被剥夺新鲜的血液，朝阳之下将再无新事。在一个人类永生的世界里，我们可能根本就不会出生。但是，就像我们之前在对痛苦的讨论中说的，我们必须弄清：理解死亡总体上对于人类是好的是一码事，而试图说服那些失去父母妻儿的人相信死亡是好的又是另一码事。我们不敢如此妄为，因为那将是残忍和无视他人感受的。对于他们，我们能说的是：生命在死亡面前的脆弱，是它本身所具备的特点之一。我们不能解释得更多，就像我们无法更深层地解释生命本身。我们无法控制死亡，甚至连延缓它的到来都不行。我们所能做的就是，在"为什么会这样"的问题之外提出新的问题："这一切发生了，我现在该做什么？"

第五章

人们可以自由选择自己的生活

对于任何一个宗教来说，最重要的一件事情恐怕就是告诉我们什么是人。《圣经》上对人的描述和对于神的描述一样，是放在十分基础的位置上的。《圣经》开头的两段话向我们介绍了什么是人，以及作为人类，我们和神以及周边的世界有着怎样的联系。

这两段中的第一段是《圣经》开篇的《创世记》中关于人是以神的形象被创造出来的描述。在造物的复杂过程中，神说："让人类有我们的形象。"但这里为什么要用复数？谁是"我们"？"我们的"又指什么？理解这一句话，我的建议是把它看成是紧接上文的。在上文中，神创造了动物。这个创造动物的过程和科学家们所揭示的生物进化的过程出奇的相似：神先创造了一个被水覆盖着的世界，然后他使陆地浮现，再给这个世界依次创造了植物、鱼类、鸟类、爬行动物，最后是哺乳动物。在创造完动物之后，他对它们说："让我们来安排一种新生物的诞生——人类，他们具有我们的形象，你们的和我们的。让我们创造这样一种生物，他们像你们动物一样——需要进食、睡觉和交配，而又像我一样——高于动物的原始层次。你们动物贡献出他们的身体形态，而我将赋予他们一颗灵魂。"如此而来，在神所造之物的顶端，人类半兽半神。

那么是什么让我们脱离动物的层次，而和神有着共同点呢？为了回答这个问题，我们必须参考《圣经》中讲述人之为人的第二段话，而这段话也是在《圣经》中被误读最多的一段话——在伊甸园中发生的故事。

神创造亚当和夏娃之后，将他们放在伊甸园中并告诉他们园子里所有的树上的果子都可以吃，这其中也包括生命之树，唯独分辨善恶的智慧之树是例外的。神警告他

◀ 第五章 人们可以自由选择自己的生活

们,如果他们有一天吃了这棵树上的果实,他们就会死掉。也许部分是因为蛇的引诱,亚当和夏娃偷食了禁果,神因而以下面的方式惩罚了他们:

——他们必须离开伊甸园,并且永远不能再吃生命之树上的果实(他们没有在偷食禁果的当天死去,并被告知他们从今以后要开始生育,并最后死亡,而不是永远活下去)。

——夏娃会体会到分娩和养育孩子的痛苦("我必多多加增你怀胎的苦楚,你生产儿女必多受苦楚。")。

——亚当必须通过劳动而得食,而不是仅从树上信手拈来("地必为你的缘故受诅咒;你必终身劳苦。")。

——男女之间会有性方面上的紧张("你必恋慕你丈夫,你丈夫必管辖你。")。

当你头一回读到这个故事，或者第一次在礼拜日学校学到它时，八成会把它理解成一个亚当、夏娃不听神的指令而受惩罚的简单故事。这样的理解对于小孩子这个年龄层次来说是基本合适的，也很熟悉（"妈妈叫你不要在泥里玩，你偏要在那里玩，现在不给你吃点心了。"）。也许你们当中有些人所属的教派还会说，从此以后，亚当和夏娃的子女，也就是所有人类，注定都要作为负有原罪者死去。也许听到这些之后，你会觉得神因为这两个年少无知的青年人犯下的小错误，就如此严重地惩罚他们和他们的子孙是不公平的，尤其是他们在吃分辨善恶的智慧果之前是不知道什么是对、什么是错的。

我认为除了忤逆神而受天谴之外，这故事还有更深的内涵。我对于它的理解与你们当中的很多人从小听到的不同。但我觉得它符合《圣经》的精神，能够自圆其说。我认为这个故事讲的是身为人和动物之间的区别，而理解这个的关键是"禁果"长在分辨善恶之树上。

人类生活在一个善恶好坏的世界里，这个世界让我们

◀ 第五章　人们可以自由选择自己的生活

的生活复杂而痛苦。动物不是这样，它们的生活更简单，没有我们人必须面对的道德上的决定。"好"和"坏"的标准不为动物而存在。动物可以是有益的，或者有害的，或者是服从命令的，或者是野性难驯的，但它们没有好坏之分。诸如"好狗狗""坏狗狗"一类的词不是用来形容狗的行为是否符合曾经的道德准则的，而只是用来形容它们的行为对于我们是否方便，这就跟"好天气"和"坏天气"一样。就像我们当初在伊甸园的祖先一样，动物也吃生命之树上的果实，它们吃、喝、奔跑和交配，但分辨善恶之树对它们是永远封闭的。

用一个你上一代人可能听不懂的词，动物是被"编程"的。程序预设的本能告诉它们何时吃、何时睡，如此等等。然而人类在世间的生物之中是特别的一类，我们身体中"神的形象"让我们基于道德的考虑对我们的本能说不。我们可以选择不吃，即使我们正处在饥饿当中；我们在我们的性冲动被激起的时候可以控制它，这不是因为我们害怕被惩罚，而是因为我们能以任何一种其他生物无法理解的方式理解"善"和"恶"的意义。讲述人之为人的整个故事其实也就是关于我们怎样摆脱动物的低级层次，学会控制本能的故事。

让我们再看一下神给予亚当和夏娃的"惩罚"（我在这里给"惩罚"二字加上引号是因为我不确定那真的是惩罚。它只是做人而非动物的结果，这结果会给人带来一些痛苦）。每一条惩罚都表明，作为人比作为动物，要更痛苦和更复杂。

性和繁殖对动物来说是很平常的，没有问题的。雌性吸引雄性，而后物种得以延续，没什么比这更简单的了。可这对人却不同：年轻的女孩会因为心里期待有个男生找她约会而害羞；大学男生会因为失恋而无法专心学习，甚至想要自杀；未婚先孕的职业女性不想堕胎，但又不知道有什么更好的选择；家庭主妇因为丈夫跟另外一个女人跑了而无比绝望；强奸的受害者、色情电影的观众、龌龊的奸夫，还有痛恨自己陷于性爱而不能自拔的性滥交者……性对于动物来说是如此简单而直接，但对于我们人类却如

◀ 第五章 人们可以自由选择自己的生活

此令人痛苦（除非我们想要表现得跟动物一样），因为我们进入了善与恶的世界。

但与此同时，就因为我们生活在这样一个世界，性关系对于我们而言比对于动物意味着更多。它可以意味着伴侣之间的温柔、彼此情感的分享交流和对对方作出的郑重承诺。动物能交配并繁殖，但人类能理解爱——带着某些它带给我们的痛苦。

对于动物来说，生育和照顾子女仅仅是个基于本能的过程，它们少了很多肉体和精神上的痛苦。当我们家里养的母狗生了一窝小狗，它不用教就知道该怎么做，它生小狗也会难受，但不会像人分娩那样痛苦。母狗等到小狗长大到可以照顾自己的时候，就会完全不理睬它们了。这时候当它再遇见当初哺育的孩子们中的一只，它眼中的这只狗就不再是那只和它亲近的小狗了。生育是人类身体所能经历的最痛苦的事情之一，而从某种意义上说它又是最简单的一件事情。把孩子拉扯大，教育他们，把你的观念传承给他们，为他们经受的或大或小的痛苦而揪心，因为对他们失望，学会何时严厉何时宽容——这些都是作为一个家长的带着痛苦的经历。但与动物不同的是，我们单凭本能无法做到这些，我们必须得做艰难的选择。

同样地，人类必须辛苦地工作以挣得食物。这个世界为动物提供食物，它们有些吃草，有些吃肉。一只狮子可能为了食物跟踪潜伏然后杀死猎物，这对它可能不容易，但和人被解雇，或者在做一项重要的销售工作时琢磨着该不该把一项重要信息透露给对方是不能相提并论的。动物可以依靠它们的本能去寻找食物，而人类在谋生时却要为选择职业、保住职位、和老板处好关系而发愁。只有人类需要因为某件事可能违法或者违反道德而前后掂量、犹豫不决。生活对于动物而言可能是困难的，但至少这是不需要进行道德上的两难选择的，而后者则是一个给人类的生活带来很多痛苦和困扰的东西。

最后，所有动物都注定要死，但只有人知道这一点。动物会出于本能闪躲掉带给它们生命安全的威胁，但只有人类生活在知晓自己会死的意识当中——即使他们没有遭

◀ 第五章　人们可以自由选择自己的生活

到威胁生命的袭击。这种意识从很多方面改变了我们的生活。它使我们为躲避死亡而做出某些可以在一定程度上延续生命的事情——生育后代、写书、在我们的朋友和邻居中具有影响力而让他们记住我们。知道我们的时间有限使我们所做的每一件事都有了意义。在同一个时间里，我们选择去读书或是探望一位生病的朋友，还是去看电影，会有不同的结果。而这不同，正是因为我们没时间做每件事情。

这些就是发生在亚当、夏娃身上的事情，他们因此成人。他们必须离开所有动物都在上面取食的生命之树，这棵树上充满生命的原始力量和欲望。他们进入了一个知晓善恶的世界，一个有更多痛苦和更复杂的世界，在这个世界里他们需要做困难的道德抉择。获取食物、生育和养育孩子都不再像动物那样简单。这一对最初的人类从此有了自知自觉的能力（吃了禁果以后，他们觉得需要穿上衣服）。他们知道了自己不会永远活着。但最重要的是，他们要花自己的一辈子做选择。

这就是所谓的人具有的"神的形态"。这意味着我们能够去做选择，而不是让本能引导我们去做一切事情。这意味着我们知道了某些选择是对的，而另一些是错的，而且我们有责任去认清它们之间的区别："看，我在你们面前已铺下通向善恶和生死之路。现在，选择你们的人生。"（《申命记》30：19）这些话神不会对其他的生物说，因为它们都无法去做选择。

如果人真的能够自由地做选择的话，如果他能够在好坏机会均等的条件下选择去做好事情，以证明他的善良高尚，那么他同样有权自由选择为恶。如果人仅仅是能够自由地选择做好事，那么他不是真正有自由去做选择。如果我们必须为善，那么我们没有选择的自由。

设想一下，一个家长对孩子说："这个下午你是用来做作业呢，还是和小朋友一起出去玩？你来做选择吧。"孩子说："我想和小朋友玩。"家长告诉他："对不起，这是个错误的选择。我不能让你出门和小朋友一起玩，除非你写完作业。现在再做一次选择吧。"这回孩子说："好

◀ 第五章 人们可以自由选择自己的生活

吧,我去做作业。"家长微笑着对他说:"我很高兴你做了正确的选择。"我们也许选择了好的事情,但因为这个说那个孩子通过这个选择表现出了成熟和责任是错的。

现在再想象一下神对一个人说:"你准备怎么挣钱支付你的账单?你是去找份工作,起早贪黑辛辛苦苦地工作呢,还是到街上去抢老太太的手提包然后拔腿就跑呢?"那个人说:"我想去抢钱。"神回答:"不对,那是错的。我不会让你做这个选择的。再选一次。"这回这个人犹豫地选择了去找份工作,一场抢劫是被避免了。但这个人是做了自由的道德抉择了吗?神允许他在善恶之路上自由地选择了吗?还是神又把他降回了动物的层次,剥夺了他选择的自由,迫使他选择做好事呢?

为了使我们拥有选择的自由,为了使我们成为人类,神必须给我们选择为善还是为恶的自由。如果我们不能自由地去选择为恶,那么我们就同样地不能自由地选择为善。那样,我们就只能像动物一样,是服从的或者难驯的,提供便利的或者制造麻烦的。那样我们就不能拥有道德是非，也就无所谓为人了。

我们当中没人能够了解神在进化过程中，决定要创造一种能够进行自由道德选择的新生物的那一点上，他是怎么想的。但是他确实创造了，从此世界多了很多高尚，也多了很多残忍。

我们拥有道德选择的自由，这意味着我们可以选择自私或者不诚实，而且神也不会阻止我们。如果我们想拿走不属于我们的东西，神不会下凡移开我们伸向饼干盒子的手。如果我们想伤害什么人，神不会从中介入让我们不能得手。他所能做的就是告诫我们，有些选择是错的，我们会为那样的选择而后悔愧疚。他会期望我们即使不听他的话，也至少从这次的经历上得到教训。

神不像是个人类的家长，看着自己的孩子从蹒跚学步到费力地做数学题，并且对自己说："如果我管着他，这会给他吃点苦，但不这样他要到什么时候才能自己明白这些呢？"一个人类的家长在孩子处在犯错边缘的时候有可能（也有责任）去干涉他，让他不要那么做。但神给他

◀ 第五章 人们可以自由选择自己的生活

自己设下了限制,他不能干涉或者剥夺我们选择的自由。他已经让人类在进化的过程中上升了一步,现在已经没办法退回来了。

那么,为什么坏的事情要发生在好人身上呢?其中一个原因是因为神给予了我们伤害别人的自由,而他又不能剥夺这种使我们成为人的自由。人类可以相互欺骗、相互抢掠,而神只能为我们经历了这么长的时间而成长得如此缓慢表示遗憾和同情。这样我们就可以理解在种族屠杀中人类所爆发出的空前邪恶,以及同情丧生在阿道夫·希特勒手下的几百万无辜生命。当人们问:"在奥斯威辛集中营里有神吗?为什么他允许纳粹杀死这么多无辜的男人、女人和孩子?"我的回答是并不是神造成了这一切。这是由那些选择对自己同类作恶的人类造成的。用德国基督教神学家多罗希·索尔的话来说,就是:"谁希望有这样一个神?谁因为崇拜这样一个神而得到了什么好处?神是站在受害者这边还是刽子手那边?"

我不能通过把种族大屠杀归咎为神的意志而合理地解

释它。即使我可以抛开我的信仰接受一两个无辜者的死，但大屠杀的死难者人数对我来说也太庞大了。太多的证据表明，"神掌管着这一切，他有他的理由"的论调是站不住脚的。我所相信的是种族大屠杀至少是对我，也是对神的道德准则的一种冒犯，否则我如何把神当作一个道德规范的源头呢？

为什么600万犹太人和几百万其他无辜的受害者死在希特勒的集中营？谁该为此负责？让我们回到刚才讨论的人类选择的自由上。人类，是唯一一个行为没有被"编程"的生物。人类有为善的自由，同时也意味着他们可以选择为恶。有些人为小善，比如探访病人、帮邻居换轮胎；有些人行大善，他们辛勤地工作，寻找治愈疾病的良方或是为弱势群体的权利而斗争。有些人为恶，但作恶的能力有限，他们撒谎、作弊、拿不属于他们的东西；但有些人为害数百万人，即使他们为大善的同类也能同样拯救数百万人。

希特勒一定是极少数具有为大恶的天赋的人之一，他

◀ 第五章　人们可以自由选择自己的生活

选择破坏，而不是给人类社会留下任何建设性的东西。这里引起了一个本不属于我们讨论范围的问题：我们是该说某个像希特勒一样的人生来就选择对世界造成破坏，还是说他早年的家庭、教养环境、生活经历以及历史的大背景等造成了这一切？这个问题似乎没有明确的答案。社会科学家们为此辩论了很久，并在继续辩论下去。我只能说我的宗教信仰基石是人类能够自由选择他们生活的方向。诚然，有些孩子生来就具有可能影响他们自由选择能力的身体或者智能上的障碍，并不是每一个人都能选择成为歌唱家、外科医生或是职业运动员；诚然，各种意外——战争、疾病——给某些儿童留下了深深创伤，使他们不能再自由地选择；诚然，有些人对于某些习惯是如此上瘾而深陷其中，他们也很难去做自由的选择。然而我依然坚信每个成年人，不管他有多不幸的童年或是多么难以自拔的习惯，都是可以对他的生活自由选择的。如果我们不自由，如果我们局限于某些特定条件和经历，那我们也和受本能驱使的动物无异。就拿希特勒或是其他任何罪犯来说，他不是生来要为害人间的恶人，而是教养他成人的环境的受害者。至于为什么和希特勒有着相似生长环境的人没有成为希特勒那样的恶人还有待讨论，但如果说"这不是他的错，他没有选择的自由"，这样会剥夺一个人赖以为人的自由，而迫使他重回动物的阶段。

因为希特勒这样一个为恶人间的天才，种族大屠杀发生了。但这并不是由希特勒一个人造成的。希特勒只是一个人，而且他作恶的能力也是有限的。因为千千万万个其他人被说服加入他疯狂的行列；因为愤怒、受压抑的人们受到了挑唆，把他们的怨气发泄到无辜的受害者身上；因为希特勒让律师们放弃他们对正义的信守，让医生们违背救死扶伤的誓言；因为其他西方政府为保全自己的经济利益而袖手旁观。

这一切发生的时候神在哪里？为什么他不阻止这一切的发生？为什么他不在1939年就把希特勒五雷轰顶，而保留下几百万无辜的人命，免去那无尽的磨难？抑或他为何不天降一场地震以摧毁那些毒气室？神在哪里？我相信

◀ 第五章　人们可以自由选择自己的生活

多罗希·索尔所说的,神是站在受害者而不是刽子手那一边的,但他不能控制人类对善恶的选择。我相信那些受害者的眼泪和祷告会唤起神的同情,但神并不能介入其中而不让悲剧发生。

基督教讲述的是一个受苦受难的,并且具有造物和控制一切能力的神,犹太教有时也会提到神受难。我主耶稣和他的族人一起被放逐,当他看到他的孩子伤害另一些孩子的时候,他会为此伤心流泪。我不相信神是个和我一样的人,有真实的眼睛和泪腺用来哭泣,还有真实的神经来让他感到悲伤。但我相信当我看到无辜的人们受难时产生的悲痛,神也一定会有,即便他体验痛苦的方式可能与我们不同。我相信他是使我能感到同情和义愤的根源。我与他,永远站在受害者,而不是那些为恶之人一边。

这一章的结尾,来自一位奥斯威辛集中营的幸存者:

当我是奥斯威辛集中营里的囚徒的时候,我从未怀疑过神的作为,或是他到底有没有作为。虽然我理解我们当中有人会这么做……经历过纳粹对我们的暴行之后，我没有变得更加信仰或更加不信宗教。至少，我所信的神在我心中没有减退。我从未把我们所经受的苦难和神联系起来，并因此而责备他，或是再也不相信他。如果有人认为神应该为那600万人的死而负责，因为他至少应该做些什么来拯救他们，那么他们就把事情给弄颠倒了。神给了我们作为人的生存空间，在我们有生之年，应当信他，并按他的教导去做每一件事。这就是我们来到世界要做的事情——为神服务，听从他的召唤。

第六章

如何应对遭受磨难后的内疚、愤怒、嫉妒

对于一个在生活中遇到伤害的人来说，比伤害本身还要糟的是他把痛苦积累起来，让自己再次受到伤害。他不仅是一个被拒绝、丧亲、受伤或遭厄运的受害者，还常常受到内疚感的伤害。他认为都是因为自己的不是，坏事才会降临其身。他常会因此将身边最亲近的想要帮助他的人赶走。往往在我们痛苦失落的时候，我们会不自觉地做错一些事。我们会觉得自己不配受到帮助，于是我们让各种各样负面的情绪，比如内疚、气愤、嫉妒以及自我强加的孤独感充斥四周，让本来就已经很糟糕的处境变得更加糟糕。

我有一次读到一则伊朗的寓言："如果你碰到一个瞎

子，就去踢他一脚；你何必比神对他更好呢？"也就是说，如果你见到一个人受罪，就相信他是活该，是神让他如此。因此你得站在神的一边，进一步地拒绝他或羞辱他。你若是想要帮助他，你就是在对抗神的公正。

大多数人可能不赞同以上的观点，会觉得"这太可怕了"。我们通常觉得自己知道的要比这好一点。但我们常常不自觉地对那些受到伤害的人说类似的话，即认为他们在某种意义上是应得的。我们这样做的时候，无形中增加了对方潜在的内疚感，也加重了对方对自身的疑惑，认为厄运的发生是因为他们自己做错了什么事。

还记得《圣经》中约伯的安慰者吗？当约伯的三位朋友来探望约伯的时候，他们从内心深处真诚地想要慰藉他的损失和疾病。但他们几乎把每件事都做错了，最后让约伯感到更加糟糕。我们能由此学到些什么呢？作为朋友和邻居，我们怎样帮助一个在生活中受到伤害的人呢？

约伯的朋友犯的第一个错误就是他们以为当约伯讲"为什么神要这样对待我"时，他是在问一个问题，而他

第六章　如何应对遭受磨难后的内疚、愤怒、嫉妒

们有必要帮助他解答这个问题，也就是解释神为什么要如此对待约伯。而事实上，约伯一点都不想问及一个神学问题，他的话只是一个痛苦的呐喊。这几个字的后面应该是一个惊叹号，而不是一个问号。约伯最想从他的朋友们那里得到同情，而不是对像"为什么神要这样对待我"这样的神学问题进行探讨。他不想让他们给他解释神，更不想让他们告诉他他自己的神学观点错在哪里。他想让他们告诉他他事实上是一个好人，发生在他身上的事情真的是非常不幸和不公。但他的朋友们完全陷入对神的探讨，几乎把约伯都忘了；不仅如此，他们反而不停地在说他一定是做了什么非常糟糕的事才会落到公正的神的手中。

因为约伯的朋友们从未处在约伯的境地，他们无法料想到如此论断约伯，告诉他他不该痛哭和继续抱怨下去，是怎样地无济于事并且是怎样地无理。即使他们自己经历了类似的损失，他们也同样没有权利坐在那里论断约伯的忧伤。的确，我们很难知道该对一个处在灾难中的人说些什么；相比之下，我们可能比较容易做到不说什么。任何

对忧伤者的评价（像"别把这看得太重""不要太悲伤，这样会让周围的人难过"等）都是错误的。任何藐视忧伤者痛苦的话（像"这样可能是最好的""情况可能会更糟""她现在有更好的去处"等）很可能是误导并让人无法接受。任何让忧伤者掩饰或拒绝他的情绪的话（像"我们无权质疑神""神一定是爱你爱得深切才拣选你背负这样的重担"等）同样也是不该说的。

在多重灾难的打击下，约伯竭尽全力要守住他的自我尊严以及他还是一个好人的自我评价。他最不想听到的就是别人对他讲他所做的是错误的。不管这样的评论是针对他如何忧伤还是他从前做错了什么才会导致这样的命运，都无异于在伤口上撒盐。

约伯需要同情而不是建议，哪怕是好的和正确的建议，这些可以留在以后更适合的时间和场合。他需要仁慈和怜悯，需要别人能感受到他的痛，而不是在神学意义上解释神的作为。他需要身体上的安慰和别人提供的支持，是拥抱而不是谴责。

◀ 第六章　如何应对遭受磨难后的内疚、愤怒、嫉妒

他需要有朋友允许他愤怒、哭泣和叫喊，而不是鼓励他成为忍耐和怜悯他人的典范。他需要朋友说"是的，发生在你身上的事太可怕，真的是无法解释"，而不是说"振作起来，约伯，事情并没有那么糟糕"。这正是约伯的朋友们让他失望的地方。"约伯的安慰者"这个词已经用来特指那些想要帮助别人，而实际上他们更关心自己的需要和感受，结果往往让事情变得更糟的人。

不过约伯的朋友们至少有两件事做得是正确的。其一，他们来探望他。我清楚去探望一位深陷痛苦悲伤的朋友是一件很困难的事，人们往往倾向于回避，让他自己独处。看见朋友难过是一件令人不愉快的事情，我们大多数人情愿回避这种经历。我们或者是完全走开，让经受苦难的人在痛苦中再次经历孤立和被抛弃；或者是尽管来了也尽量回避谈为什么来这儿。医院探视和慰问的电话变成讨论天气、股票或者棒球比赛，避而不谈每个人心知肚明的那个最重要的话题。约伯的朋友们至少鼓足了勇气面对他以及他的苦难。

其二，他们倾听。照《圣经》记载，他们陪着约伯坐了好几天，并一言不发，让约伯将自己内心的痛苦和怨恨倾倒出来。这一点本身，我以为是他们此次探访中最有帮助的地方。这以后他们所做的对约伯无一益处。当约伯不再宣泄怨恨的时候，他们最好是说："是啊，这一切真的是太可怕了。我们简直不知道你是怎样熬过来的。"而不是急于替神来辩解，来维护传统的智慧。他们安静地坐在那里好过长篇大论的神学解释。我们都该从此学到点什么。

几年以前我经历了一件事情，让我明白人们是怎样因自我谴责使坏事变得更糟。那是在某个一月的一天，我连续两天为我们社区中两位年长的妇女行使葬礼。两位都是在高寿之年离世，正如《圣经》所说的那样，两位老人都活过长久而又充足的一生逐渐衰老而故去。两位老人的家刚好离得不远，这样我在同一天的下午分别去两家探望她们的家人。

在第一家，离世的老人家的儿子对我说："要是我把

◀ 第六章 如何应对遭受磨难后的内疚、愤怒、嫉妒

我妈接到佛罗里达，不至于让她住在这冰天雪地里，也许她今天还会活着，都是我的错她才会去世。"在第二家，另一位离世的老人家的儿子对我说："要是我不坚持把我妈接到佛罗里达，她可能今天还活着。这样长的飞机旅行，还有气候上的巨大变化，她哪里承受得起，都是我的不对，我妈才会去世。"

当事情并没有按我们预先所想的进行的时候，我们很容易认为要是做了相反的事，结局就会好一些。神职人员都知道在逝者离去的一刻，其亲人会感到自责，因为他们做了一连串的事情，其结局是那样地糟。他们深信要是做相反的事情结局会好些，总之，事情不可能会更糟吧？！生者为自己活着而所爱的亲人离去而自责。他们一想到自己没有在亲人在世的时候多说一些安慰的话以及找时间多为他（她）做一些有益的事就内疚不已。是的，许多哀悼的习俗以及所有宗教都是为了帮助哀伤者摆脱那种不理智的、并非由他所致的灾难所承担的内疚感。可是，那种愧疚感，那种"都是我的错"，似乎是普遍存在的。

看来我们这种自责包含两种成分。首先我们有一种强烈的愿望相信世界是有理有序的,任何事情的发生都有其原因,任何作为也都有其后果。这就促使我们去寻找规律和关联,无论是在真实事情上(如抽烟导致肺癌,常洗手的人不易得传染病),还是在我们想象出来的事情上(如每次我穿上我的幸运衫的时候,红袜队就赢;那个我喜欢的男孩儿在单数的日子里跟我讲话,但在双数的日子里不理我,除非那天是节假日,这一规律就不复存在了)。有多少公开的或私人的迷信是基于我们做了什么就会有好事或坏事发生,还有就是我们以为同样的事每次都紧随同样的规律?

其次就是认为是我们导致了事件的发生,特别是坏事的发生。从相信所有事件必有因果到相信所有灾难都是我们的错这似乎仅仅是差了一小步。其根源可能来自我们的童年。心理学家曾提出人在婴儿阶段有一种无所不能的错觉,小婴孩会觉得世界的存在就是为了满足他们的需要,他能让任何事发生。他早上睡醒了就开始指挥周遭的世界

◀ 第六章　如何应对遭受磨难后的内疚、愤怒、嫉妒

为他做事，他一哭，就有人来看他，饿了，有人喂他，下面湿了，有人给他换尿布。经常地，我们没有完全从这种婴儿阶段走出来，还是认为我们能导致事件的发生。我们心中还有一部分坚持认为某个人生病了是因为我们恨这个人。

事实上，我们的父母常常也会强化这一理念。他们并没有意识到我们年幼的自我是怎样地脆弱，当他们累了或沮丧的时候会无缘无故地厉声斥责我们，他们会大声对我们讲我们挡了他们的路，玩具到处乱扔或电视开得太大声。我们因年幼无知就认为他们那样说是对的，我们确是问题所在。他们的愤怒可能转瞬即逝，但我们却继续背负内疚感，认为只要是什么事不对了，就一定是我们的错。随着年月的推移，一旦我们周遭出现了什么不好的事情，那种来自童年期的感觉就会出现，我们就会本能地认为一定是我们把事情给搞坏了。

即使是约伯，也宁愿认为神记载的是他的罪，而不愿承认这一切仅仅是一个错误。如果他能证明他该遭这样的

报应，那至少这个世界是合情合理的。虽然忍受自己的错误行为让人极其不愉快，但这比发现我们生活在一个无序的世界并且事情的发生毫无理由要让人容易接受得多。

当然，有时内疚感是好的，也是必要的，有时我们的确造成了周遭的不幸并应该承担责任。有一个人有一天坐在我的办公室里对我说，他是怎样离开他的妻子和年幼的孩子，娶了他的秘书的，他问我怎样才能摆脱这种对他儿女所产生的内疚感。我觉得他的这种请求是不适宜的。他该感到内疚，他早该想些什么去改善他原来的家庭的处境，而不是寻找途径来摆脱他的内疚感。那种觉得自己做得还不够，那种承认我们能比现在做得更好的感觉，是一种个人道德提升以及社会进步的动力。适当的内疚感能让人努力做得更好。但过分的内疚感，那种对本来不是我们的错也要深深自责的倾向性，剥夺了我们的自尊心，恐怕也阻止了我们的成长和采取适当的行为。

鲍勃做了一件对他来说最困难的事，那就是把他78岁的老母送进养老院。这是一个比较难于界定的例子，因

◀ 第六章 如何应对遭受磨难后的内疚、愤怒、嫉妒

为他母亲总体上还算清醒健康，不需要医疗上的照顾，但她自己无法做饭和照顾自己。6个月以前，老人家忘了关炉子引起房子着火，鲍勃和妻子把她接到他们自己家里来。她那时候感到孤单、沮丧和迷惑；鲍勃的妻子只好中午从工作的地方赶回来给婆婆做午饭，陪她看电视，直到孩子们放学回来。要是鲍勃和妻子晚上出门，他们就只好让十几岁的女儿晚上不出去来照看奶奶。孩子们不被鼓励领朋友们回家："房子太小很容易变得异常嘈杂。"几个星期下来，很明显这样的安排行不通。家中的每个人都变得急躁和不能容忍他人，每个人都计算着自己放弃了多少。鲍勃很爱他的母亲，孩子们也很爱奶奶，但他们都意识到她需要的比他们在那种处境下能给予她的要多。他们有一天在一起讨论了一个晚上，经过反复咨询，终于不情愿地做出能让一家大小舒缓一下的决定，那就是把老人家送到离家不远的养老院。鲍勃知道自己做的没有错，但他还是感到内疚。她母亲说她不想去那里，她说她不会要求太高，也不会太给他们添麻烦。当见到养老院里的人如此

的衰老和虚弱的时候，老人家哭了，她在想自己很快也会像他们一样。

那个周末，鲍勃，本来认为自己不是笃信宗教的一个人，决定在探望母亲之前先去教堂做礼拜。他对这次的探访有一种奇怪的感觉，害怕发现点什么或母亲会对他说些什么，他同时也希望做礼拜能给他带来他所需要的内心的平安。非常凑巧，那天早上主日信息的主题是关于第五条戒命："当孝敬父母。"牧师讲到父母做出各样的牺牲来养育子女，而子女却不情愿感谢父母的养育之恩。他批评当今的年轻一代是怎样地以自我为中心，他说："为什么一位母亲可以养育六个孩子，而六个孩子却不能照顾一位母亲？"坐在鲍勃周围的人都是年长的伯父、伯母们，他们不住地点头称是。

鲍勃离开教堂时内心充满受伤感和愤怒。他感到他刚刚被人以神的名义教训了一通，说他是一个自私而又冷酷的人。吃中饭的时候，他感到很受不了他的妻子和孩子。在养老院里，他对母亲没有耐心，无法回应她。他为自己

◀ 第六章　如何应对遭受磨难后的内疚、愤怒、嫉妒

对母亲所做的感到羞耻，但也生母亲的气，都是因为她他才会感到无地自容和深受谴责。此次探访简直就是一种感情上的灾难，所有人都担心这样的安排能否维持。鲍勃内心思虑他母亲可能不会活太久，如果母亲真的去世，他今后永远也不会饶恕自己，因为自己的自私让母亲临终前的几年饱受痛苦。

在这种背景下，鲍勃的处境的确是非常难。那种内疚感，那种不知所措的感觉从一开始就有。年迈父母的无助和他们对子女的请求，让许多非常体面的人体会到不足、怨恨以及内疚。就是在最佳的境况下这也是难于左右的决定。父母一方常常会感到恐惧、无助，有时情绪上也会很幼稚。他们有时会用疾病、孤独或内疚感来迫使子女关注他们。犹太谚语中那个不断提醒子女她是怎样为了他们的快乐而牺牲自己的母亲，制造了一种让人一辈子也偿还不了的债，已经成为文学作品和幽默里的典型（换一个灯泡需要多少个犹太母亲？答案是：一个也不要。因为犹太母亲会说："别为我担心，你们出去开心好了。我就坐在这

黑暗里，没什么。"）。但让鲍勃的处境更难的是他还受到了宗教代言人的谴责。讲道信息应该涉及孝敬父母，但讲论该主题时要特别地小心，不该让会众本来就充满内疚的心更加受到压迫。假如那天早上鲍勃的头脑再明白点，他会对讲道人说，恐怕六个孩子之所以不能照顾一位母亲是因为他们自己也都有自己的妻子和孩子需要照顾。他没准会解释说，他很爱他的母亲，但他最主要的职责是照顾好他的妻子和孩子，就好像他年幼的时候，他的母亲即使很爱她的父母，但更关心照顾他而不是她的父母。要是鲍勃能对自己的行为更有自信的话，他就会回敬对方的指责。但正因为他走出教堂时内心充满愧疚，牧师的讲道才会进一步强化他内心的不安，也就是相信他其实是一个不好而自私的人。

我们的自我真的是很脆弱，很容易地，我们会觉得自己是一个坏人以及我们根本配不上我们的信仰。的确，信仰本身应该帮助我们在做出诚实又合理的、但有时又是非常痛苦的决定时感觉好一些。

◀ 第六章　如何应对遭受磨难后的内疚、愤怒、嫉妒

比大人们更甚的是，孩子们更容易认为自己是他们世界的中心，并相信他们的行为会促使事件的发生。他们必须要反复地被安慰，父母的离世不是他们的行为所致。"爸爸去世了，不是因为你生爸爸的气。那纯粹是一个事故（或重病），所有医生都没法治好他。我们都知道你很爱爸爸，即使你有时会生他的气。我们每个人有时都会生我们所爱的人的气，但这不意味着我们不爱他们或我们希望坏事发生在他们的身上。"

儿童需要反复被安慰，父母去世不是拒绝他们也不是"选择"要离开他们。儿童很容易这么去想："爸爸走了，再也不会来了。"连《诗篇》第二十七篇的作者，一位成熟又聪明的诗人，在提到他父母离世时也用到同样的词："我的父亲母亲都撇下我。"他在情绪上深深陷入他们的离世的悲哀之中，以至于他已经无法从他们的角度看问题，那就是父母因疾病而死，不是出于他们自身的意愿，撇下他。最好是安慰孩子说，爸爸很想活下去，很想从医院回到家像过去一样跟你玩，但疾病或事故太严重了，他

自己也没有办法。

为了让一个孩子感觉好一点就跟他讲天国怎样怎样美好，他爸爸现在跟神在一起怎样开心，同样也会剥夺孩子对亲人进行哀悼的机会。我们这样做的时候，实在是让孩子拒绝和不相信他自己的真实感觉，是在他该难过的时候甚至我们所有人都难过的时候让他高兴。

孩子有权感到悲哀和气愤，他们对那种境况感到气愤（而不是生父亲或神的气）是对的，这种认同是应该的。

其他儿童的离世，无论是亲兄弟、朋友或媒体上报道的陌生人，对孩子来说都会带来无助感。第一次，他会意识到可怕而又痛苦的事情也同样会发生在他这个年龄的儿童身上。我刚来我们的会堂不到一年的时候，就赶上要面对一对父母，他们5岁的儿子刚从夏令营回家就被接他回来的汽车给撞死了。除了要帮助这对父母面对这突如其来的巨大的哀痛我自己内心也有哀痛，因为我很爱这一家人，我也刚刚得知我的儿子也会在幼年去世），我还得跟我自己的孩子们以及整个社区的儿童们讲这种事怎么会发

◀ 第六章　如何应对遭受磨难后的内疚、愤怒、嫉妒

生在一个年幼的孩子身上。

事故发生后那个晚上我正要去看望那对父母,我的儿子,亚伦,当时只有4岁,问我去哪儿。我不情愿直接跟他说一个跟他一般大的小男孩刚刚死去,在我出门之前我不想跟他讨论这件事,于是我说我去看一个小男孩,他在一个事故里受伤,我去看看他怎样了。第二天早上七点,亚伦对我说的第一句话就是:"那小男孩好了吗?"

我对死去儿童的邻居和幼儿园的小朋友们的解释包含两部分。首先,我告诉他们发生在乔纳森身上的这件事不同寻常,这就是为什么人人都在谈论这件事,这也是为什么它会上广播和当地报纸的头版。这种事很少发生,所以才会成为大新闻。几乎每次,儿童从校车下来都会平平安安地过马路;几乎每次,小孩摔倒受伤,过会儿就好了;几乎每次孩子生病了,医生都能治好他的病。但有时,非常少的时候,小孩子受伤和生病,没人能治好他,他会死去。这种事发生的时候,人人都感到惊讶,也非常难过。

其次,我告诉孩子们,发生在乔纳森身上的事不是对

他做错事的惩罚。如果你还记得乔纳森几天前做了某件调皮的事，昨天他被汽车撞死了，这不意味着你要是做了调皮的事，坏事也会发生在你的身上。乔纳森被撞不是因为他是一个坏孩子而该受惩罚。他本该继续活下去，快乐开心，但可怕的无情的事故发生在他的身上。

儿童见到瘸腿的或有残疾的人会很难过，他们也会躲开盲人或装有假肢的人，因为他们害怕类似的事也会发生在他们身上。对待这种情形我们也该做类似的解释，即我不知道到底在他身上发生了什么事，可能是事故，可能是生病，也有可能他在部队里为了保卫这个国家而受了伤。但有一点是可以肯定的，他不是神要惩罚的坏人（想一想童话中罗锅、畸形的人，以及失去部分肢体的人，像是彼得·潘的主要敌人胡克船长，常常被描写成是半人似的恶棍来吓唬孩子）。我们可以试着让孩子知道人群中的95%是正常的，没有肢体残疾，跟他们自己和见到的人一样。有时候公开谈论瘸腿的或有残疾的人的肢体损伤可以帮助孩子消除对陌生人的障碍以及摆脱孩子们的恐惧感（很多

◀ 第六章　如何应对遭受磨难后的内疚、愤怒、嫉妒

时候这样做是不可能的，因为有时瘸腿的或有残疾的人很难面对别人盯着他们看或谈论他们的身体缺陷。为了他们自身情感稳定的需要，他们觉得自己需要别人不要把他们当成是异类，而是把他们看作跟其他人没什么两样）。

儿童特别容易产生内疚感，对于成年人来说，我们中的很多人也没有成熟到摆脱这种倾向性。

贝弗莉的丈夫宣布他要离开她时她几乎整个人都垮了。他们结婚已经有5年了，还没有小孩。他们常吵架，但是贝弗莉不觉得他们的婚姻比他们的朋友的更好或更坏。接下来，有一个星期六的早上，他跟她说他打算离开她，他说他觉得她平庸，没有他遇到的其他女人有趣，在这种情形下他认为还要"绑在一起"对他们两个人来说都是不公平的。一个小时以后，他收拾好行李到他的朋友家去了。贝弗莉完全被这一切镇住了，她开车到她的父母家里跟他们讲所发生的事情。他们跟她一起哭起来，他们安慰她，一会儿骂她丈夫不好，一会儿给她提供关于律师、房间钥匙以及银行账户等非常实际的一些建议。

当天晚饭以后，贝弗莉的妈妈，一位体贴而又善良的妇人，把她叫到一边跟她谈话。出于帮助她之意，她问到他们的性生活、他们的财物以及他们交流的方式，为的是寻找出问题的线索。突然之间，贝弗莉把咖啡倒掉激动起来："请你能不能别说这些了？我听这些都烦死了，'没准你做了什么'和'没准你没做什么'。你这么说好像都是我的错。你想对我说要是我更努力做个好妻子的话，他不会离开我。可是这太不公平了，我是一个好妻子，我不该被如此对待，这不是我的错！"

她说得对，尽管她妈妈本意只是想要跟她讲话和安慰她。去告诉一位已经受到伤害的人，无论是离婚、死亡或其他灾难，"没准你不那样做，事情就不会变得那样糟糕。"这实在是没有理由也太残忍了。我们这样说的时候，实际上是在告诉他们："这都是你的错，你选择这样做事。"有时婚姻失败是因为双方都还不成熟，或对对方的期待不切实际。有时人死去是因为得了不治之症，不是因为他们的家人找到了一位坏医生或耽搁太久没去医院。有

◀ 第六章　如何应对遭受磨难后的内疚、愤怒、嫉妒

时生意上的失败是因为经济状况和出现了更强的竞争对手，而不是负责人在一个重要时刻做了一个错误的决定。如果我们还想要重新找回自我，继续生活下去的话，我们就得克服这种不理智的想法，即认为倒霉是我们的错，是我们的失误和错误行为才导致不好的事发生。我们自己真的没有那么有能力，不是世界上发生的所有事都是我们造成的。

几年以前，我去为一位年仅38岁死于白血病的妇女主持葬礼，那位妇女身后留下了一位丈夫和一个15岁的男孩。当我从葬礼出来刚走进这家人的家门的时候，我听到有一位姑姑对那个男孩说："别难过，贝利，是神把你妈妈带走了，因为他现在比你更需要她。"我愿意相信这位姑姑是出于好心，她当然是为了让贝利感到好受一点。她从某种意义上是想要为这个可怕的灾难性的事件找个解释，但对我来说，她说的这两句话里至少犯了三个严重的错误。

首先，她告诉贝利不要难过。可他怎么会在母亲的葬

礼当天不感到难过呢?!他为什么不能有真实的痛苦、气愤以及失落的感觉呢?!为什么他非要检讨他真实的合理的感受好让别人那天能好过一些呢?!

其次,她解释他母亲的死是"神把她带走了"。我不相信这个。这跟我理解中的神不符,而且这只能让贝利恨神,更不愿接受信仰上的安慰。

但更糟糕的是,她提出神带走贝利妈妈的理由是"因为他此时比贝利更需要她"。我想我知道她想要说的是什么。她本来要说的是她嫂嫂的死不是毫无意义的,而是为了成就神的某种使命,但我怀疑对贝利来说意思不是这样的。贝利听到的是:"都是你的错你妈妈才会死。你不是很需要你妈妈。要是你需要她多一些,她就不会死。"

你还能记得你15岁时是什么样子吗——步履蹒跚地走向独立,爱恋并需要你的父母但同时也很不愿承认你需要他们,盼着有一天你可以成长而不再需要他们,自己能更独立。如果贝利是一个典型的15岁的少年,他吃的是父母给他买来并烹调好的饭菜,穿的是父母给他买的衣

◀ 第六章　如何应对遭受磨难后的内疚、愤怒、嫉妒

服,住在父母家里,出门得让父母开车接送,梦想着有一天他不再需要父母为他做这一切了。可突然之间他的妈妈死了,而他姑姑解释她的死是,"你不那么需要她,这就是为什么她会死去"。这绝不是那天他需要听到的。

我必须要花好几个小时来陪着贝利,帮助他克服最初对我的愤怒,因为我是作为残忍的神的代表出现的,而神把他的妈妈夺走了。我也要帮助他战胜内心的不情愿,因他不想讨论一个可能会给他带来内疚和耻辱感的话题。我必须要说服他相信他妈妈的死不是他的错,她的去世不是由于他抗拒她、忽视她、惹她生气,或有时希望她从他生活中消失,她是死于白血病。我跟他讲我也不知道为什么人会生这样的病,但我坚信神不想这样,不想让这样的病成为对她的惩罚,也不是对她进行惩罚。我对贝利讲,就像有信仰的人面对一个受到伤害的人应该讲的:"这不是你的错。你是一个正直的好人,本该得到更好的。我能理解你内心的伤害、矛盾和对所发生之事的愤怒,但你没有任何理由感到内疚。作为一个信神的人,我以神的名义来

到这里，不是来评价你，而是来帮助你，你能让我帮助你吗？"

当好人遭难的时候，我们很容易感到我们要是能做点什么不同的，就可以防止不幸的发生，而且我们肯定会有愤怒的感觉，我们在受到伤害时几乎本能地会变得愤怒。我的脚趾撞到椅子上了，我会生椅子的气，它干吗会在那儿；也生自己的气，走时不看着点路。我们受伤时问的一个重要的问题就是：我们怎么对待自己的愤怒？

琳达是一位学校心理咨询师，有一天下午她回家时发现她住的公寓遭窃了。她的电视和录像机没有了，她奶奶给她的珠宝也消失了，她的衣服被扔得满屋都是，内衣抽屉被倒空了扔在地板上。琳达对此感到非常难过和受到伤害，不仅仅是因为财富上的损失，更是她的隐私被侵犯了。琳达感到几乎是受到了身体上的伤害，她跌倒在椅子上哭泣，这一切实在是太不公平了。她被一系列复杂的感情冲击着。受伤、不知道为什么的耻辱、对自己没有给她的房间上更保险的装置的愤怒、恨她工作地点离家太远而

◀ 第六章　如何应对遭受磨难后的内疚、愤怒、嫉妒

让盗贼有可乘之机，也让她情感耗尽地回到家时无法面对这种意外的袭击。她恨公寓的管理员以及街角的警察没有更好地保护她的财产，她也恨这个城市充满了犯罪和坏人，恨这个世界太不公平。她受到伤害，知道自己深深地难过，但她不知道下一步该怎样应付她的愤怒。

有时我们会把愤怒指向伤害我们的人：解雇我的上司、从我们身边走开的妻子、造成事故的司机。有时因为我们的愤怒实在是超出我们能忍耐的限度，我们会找一个人来出气，不管他是不是有责任，说服自己他们本该做什么来避免灾难的发生。我常遇到有人跟我抱怨十年前他们的妻子或孩子死了，在讲述他们的故事时，他们会变得跟十年前一样愤怒，怨医生没来或误诊。

一种最严重的情形是在孩子去世时夫妻双方互相埋怨："你为什么没有更小心地照看他？""你为什么总不在家，让我一个人忙家里所有的事？""如果你要是好好地喂他……""他要是没在那次愚蠢的钓鱼旅行中受寒……""我们家的人都很健康，都是你的亲戚容易得病。"相爱

的男女双方都深深地受到伤害。因为他们受到伤害，他们愤怒，就把他们的愤怒指向离他们最近的人身上。

相似的，但没有那么严重的是一个失去工作的人把怨气发在妻子身上：她让家中的琐事分了他工作的心；她没有招待好他的上司或重要的客户。

有时我们找不到一个人来出气，我们就将怨气发在我们自己的身上。教科书上对抑郁症的定义是将愤怒指向自己而不是指向外界。我怀疑我们每个人都知道有人在遭遇死亡、离婚、被拒绝或失去工作以后有一段时间会陷入抑郁状态。他们不出门，睡到中午，不顾外表，并且放弃所有建立友谊的努力。这就是抑郁症。我们把受到伤害的愤怒指向了自己，我们怪自己，我们想要伤害自己，惩罚自己把事情搞糟。

有时我们会生神的气，因为我们从小就被养成相信一切事都在神的掌管之下，是出自神的意愿，我们对神说你对发生的一切事件负责，或至少为不能防止坏事发生负责。信神的人变得不再信神，恐怕是因为他们发现祷告和

◀ 第六章　如何应对遭受磨难后的内疚、愤怒、嫉妒

礼拜不能表达他们的感觉（"我有什么可以感激的?"），也有可能是他们想"跟神扯平"的一种方式。有时灾难能让一个不信神的人用一种气恼和挑衅的方式来信神。"我只能信神，"有一个人对我说，"这样每当我一想到我所经历的一切的时候，我好有个对象来抱怨，有个可以咒骂和斥责的对象。"

海默·珀特科写过一部小说，名叫《许诺》。书里面讲到一个小男孩的故事，他没法应付他对他父亲的愤怒以致得了精神病。麦克·高顿非常敬爱他的父亲，以至于无法面对自己经常会怨恨他、也会对他生气的情况。心理医生丹尼·桑德想要帮助麦克，因为他自己也得要克服他自身对于他父亲的爱、恨、羡慕与愤怒等交织的复杂感情。他的父亲是一个非常有能力、令人羡慕也非常有控制欲的人，而且事业十分成功。小说中有一个小角色是库曼老师，他是丹尼的好朋友（也是本书的叙述者），是犹太学校里的一位老师。库曼老师是大屠杀的一位幸存者，他的妻子和孩子都死在集中营里。他是一位严格的遵守正统教

义的犹太人，相信质问神、哪怕是问神为什么会如此行事这样的问题本身就是一种罪。一个人必须要委身相信神，不能有任何的疑虑。

珀特科从没有直接挑明，但我认为库曼老师这个形象是作为丹尼·桑德和麦克·高顿的平行人物出现的。正如麦克因不能应付他自己对父亲的愤怒而生病，库曼老师因不能面对自己对在天之父的愤怒而变成一位暴虐的和没有同情心的人。库曼老师不能容许对神有任何的疑虑和疑问，因为他内心深处对神让他的家人死去这件事的愤怒至极，他知道任何对神的质疑只会导致他对神愤怒的迸发，很有可能最终让他拒绝神并放弃信仰。他不能忍受这种事发生。是库曼老师害怕他的愤怒有一天不能得到控制，太过强大会毁灭神呢，还是他害怕要是他如此恨神的心被揭穿，早晚有一天神会对他进行更深的惩罚呢？

小说里的麦克通过学习不要惧怕他内心的愤怒而得到治愈。他的愤怒是正常的，可以理解的，不像他想象的那么具有破坏性。让他完全得到释放的是，终于有人跟他

第六章　如何应对遭受磨难后的内疚、愤怒、嫉妒

说，你可以去生你所爱的人的气。但没有人告诉库曼老师他也可以生神的气。

事实上，生神的气并不伤害神，也不会惹怒神来跟我们秋后算账。如果在极度痛苦中我们生神的气能让我们感到好过一点的话，我们完全可以这样去做。这样做唯一的错误在于发生在我们身上的事并不是神的错。

我们受到伤害时该怎样应付我们的愤怒呢？我们的目标，如果可以实现这一目标的话，是对这件事本身生气，而不是对我们自己生气，也不是怨恨那些你认为有可能会防止这件事发生的人，或怨恨那些试图帮助你的跟你亲近的人，也不是怨神让这一切发生。生自己的气让我们变得抑郁；生别人的气能把人吓跑，让他们更难于来帮助我们；生神的气让我们自身与神之间树立一道墙，隔绝了信仰带给我们的支持与安慰，而信仰正是帮助我们度过艰难岁月的源泉。但如果只是对处境愤怒，意识到这实在是糟糕、不公和不可理喻，你可以大声叫喊、咒骂、哭泣，把受到伤害的愤怒释放出来，这样不至于让我们难于接受进

147

一步的帮助。

受到生活的伤害所产生的嫉妒同内疚和愤怒一样是难于避免的。受到伤害的人怎能会不嫉妒那些做得本不如他却有好结果的人呢？！一个寡妇怎能不嫉妒哪怕是她最亲密的朋友回家能有一位丈夫等待她呢？！一个被医生宣布不孕的妇女，当听到她的嫂子跟她讲不小心第四次怀孕时，怎能不产生嫉妒之心呢？！

评论一个人的嫉妒心并告诉他们不要有嫉妒心是毫无效果的。嫉妒心真的很强烈，它触及我们的内心深处，伤及我们最看重的地方。小的时候，我们跟兄弟姐妹们争夺父母有限的爱。对我们来说，父母对我们还不够好，父母得对我们比对其他人更好。鸡身上最好的肉、最大的一份甜点不仅仅是一份食物，更代表了父母对哪个孩子爱得更深。我们所争的不是食物本身，而是为了在赢得父母之爱的战役中获胜（还记得《圣经》中第一次提到"罪"不是在亚当和夏娃吃完禁果以后，而是当该隐出于嫉妒杀了他的兄弟亚伯，因为神更爱亚伯的献祭的时候）。我们长大

◀ 第六章　如何应对遭受磨难后的内疚、愤怒、嫉妒

以后，并不一定能从童年的竞争习惯、那种想要得到更多爱的肯定中成长，我们也无法从认为神是天父这种观念中得到成长。让我们忍受意外事故和伤害本身已经够糟糕的了，更糟糕的是，在我们受难之时，我们周围的人却都是好好的，这一点本身唤醒了我们童年的竞争意识，似乎显明神爱他们比爱我们更多些。

我们能理解有一句老话说的，若是我们的朋友或邻居生病了，我们也不可能太健康，我们也无法从他们的病痛中得到快乐。我们很清楚当我们的朋友的先生去世的时候，我们也会陷入受伤的孤独中，我们真的不想这一切发生（如果有一天这件事发生了，我们会有一种内疚的情绪出来，好像我们盼着它发生一样）。我们可能知道这些，但当我们失去亲人的时候，我们还是会对周围那些健康、有完整家庭以及好工作的人心生怨气。我们也知道当我们怨恨周围有好福气的人的时候，出于这种怨恨和疏远的感觉，我们也让对方难于帮助我们。嫉妒对我们的伤害大过所有其他的，我们知道这个，但还是控制不住地会有这种

情绪。

　　有一则中国的寓言讲的是一个失去独生儿子的妇女，在她哀悼的时候，她去见一位圣者并对他说："有什么祷告或神奇的咒语能让你帮我把我的儿子给救回来？"圣者没有把她赶走，也没有给她讲任何道理，而是对她说："你去给我从不知道伤痛的一家人中取来一粒芥菜籽，我们可以用它把你身上的哀痛驱走。"这位妇人马上出发开始去寻找这一粒神奇的芥菜籽。她首先来到一个有着华丽住宅的富人家，敲门，说："我在找从来不知道伤痛的人家，是这里吗？这对我来说太重要了。"他们告诉她说："你一定是找错人家了。"他们开始告诉她他们家最近发生的所有不幸。妇人对自己说："谁能比我更能帮助这不幸的一家人呢，我自己刚好经历过不幸。"于是她留在这家人中间安慰他们，之后离开这家人继续去寻找不知道伤痛的人家。但无论她到哪里，无论是简陋之家，还是高墙大院，她听到的是一件又一件伤痛与不幸。最终，她过于陷入帮助他人摆脱痛苦以至于忘记了她为什么要寻找那粒神

◀ 第六章 如何应对遭受磨难后的内疚、愤怒、嫉妒

奇的芥菜籽,也没有意识到她已经把她自己的哀痛从她的生活中驱走了。

恐怕这是治愈嫉妒的唯一解药,那就是当我们在怨恨和羡慕他人拥有我们所没有的东西的时候,意识到他们也有他们的伤疤和苦痛,他们可能还羡慕我们呢。结婚的妇人想要安慰一位寡妇,她一直为丈夫可能失去工作担忧,她可能有一位不听话的孩子让她担心;怀孕的嫂子可能会对她讲她刚听到有关自己健康状况的不幸消息。当我还是一位年轻的拉比时,人们常常会拒绝我对他们在哀痛上的帮助。我是谁呢?年轻、健康、有工作,走进来满口讲述分担他们痛苦的老调。若干年以后,当他们了解到我儿子的病情和进展,那种抗拒的心理渐渐消失。他们现在接受我的慰问,因为他们不再以我的好运跟他们的不幸形成鲜明的对比。我不再是神的宠儿,我是他们苦难的兄弟,他们允许我帮助他们。

但每个人都是苦难的兄弟姐妹,没有一个人是来自从来不知道苦难是何物的家庭。他们来帮助我们是因为他们

同样知道生活中受到伤害是怎样一种感觉。

我不觉得我们得用我们自己的苦难来彼此对比("你以为你有问题,让我来告诉你我的问题,你就知道你的处境有多好了。"),这种竞争于事无补。这跟兄弟姐妹间的竞争和嫉妒是同样的。苦难中的人不想被请进痛苦大赛,但是我们要能记住一样就可能会有帮助,那就是:痛苦和忧伤可能不会在世上均匀分散,其分散一定是非常广泛的。每个人都有他的一份。如果我们能了解到这一事实,我们就会很少再去寻找让我们羡慕的人。

第七章
从身边环境中寻找度过磨难的力量

有一天晚上刚刚过七点钟，我家的电话铃突然响了。我发现夜晚响起的电话铃常常带有一种特殊的不祥的声音，即使在你还没拿起电话时就能感觉到事情不妙。我抓起电话，电话的另一端报了自己的名字，可我们彼此素不相识，他也不是我们会堂的成员。他跟我说他妈妈现在在医院里，第二天要做手术，问我能不能为她的康复祷告。我想问更详细的信息，但显然对方非常难过，处于极度焦虑状态。我只好先记下他母亲的希伯来文名字，安慰他说，我会为她祷告，并祝他和他的母亲平安。我挂上电话后，心里很不安，通常这样的谈话过后我心里都会如此。

为一个人的健康祷告，为手术成功祷告，其结果会令善于缜密思考的人不安。如果祷告能达到很多人所预期的结果，世上就不会有人死，因为没有任何祷告比为自己所爱的人祈求生命、健康、病得到医治更殷切的了。

如果我们相信神，但不相信神对人间悲剧负完全责任，如果我们相信神是公平正义的却不总能为人安排好一切，那生活中出现危机时我们向神祈求到底还有什么作用呢？

我和电话那端的男子是否真的相信，只要义人用正确的语言以正确的方式向神祷告，神就能用七大能之手治愈疾病影响手术的结果；是不是某个陌生人因祷告时用词不当，神就会让这个人死去。如果神所暗示给我们的意思是："只要你殷勤地祷告祈求，我就能让你的母亲恢复健康。"我们中还有谁会敬拜他呢？！

如果我们的祷告没有得到应允，我们怎能保持不对神发怒或感觉到自己已被神审判定为不够格？！我们怎样才能避免那种感觉：当我们最需要神的时候，他却让我们沮丧；或者避免同样令人失望的感觉：神不认可我们？

◀ 第七章　从身边环境中寻找度过磨难的力量

　　想象一下失明和残腿的儿童，他们从小就听大团圆的敬神的故事，故事中的人殷勤地祷告，他们的疾病就神奇地好了。想象一下有一个小孩，他用全部身心真诚地祷告，求神让他好转，能像其他健康的孩子一样。当他知道自己的残疾永久不会得到医治，你可以想象到他该有多么悲伤，他要么将愤怒向外转向神以及跟他讲这些故事的人，要么向内转向他自己。还有什么比告诉他们神本来可以治好他们的病，却出于为他们好的缘故偏偏不给他们治病更能让孩子们学会恨神呢？！

　　"为什么我祷告了，却得不到我想要的呢？"对这一问题有多种回答。但绝大多数都有问题，并可能会令问话人心生内疚、愤恨或绝望。例如：

　　——祷告得不到应许是因为你不配。

　　——祷告得不到应许是因为你祷告得不够殷勤。

　　——祷告得不到应许是因为神知道什么对你是更好的。

　　——祷告得不到应许是因为别人在为相反的结果祷

告，而他们的祷告更有价值。

——祷告得不到应许是因为祷告没用，神不听祷告。

——祷告得不到应许是因为世上根本就没有神。

如果你对以上任何一个回答都不满意，又不想放弃祷告，你可能会考虑另外一种可能性，可以改变一下对祷告的理解——什么叫作祷告得到应许？

我在本书前面提到的犹太法典《塔木德经》（Talmud）列举了一些常见的不好的、不适宜的或不该讲的祷告。比如有一位妇女怀孕了，无论是她还是她的丈夫都不该这样祷告："求神让这个孩子是一个男孩儿（或是个女孩儿）。"孩子的性别在孕育的那一刻就已经定下来了，神本来不该被扯进来改变这个事实。同样，若有一个男人看见有一辆救火车开向他所住的地方，他不该这样祷告："神呀，求求你，着火的可千万别是我们家。"这种让别人家而不是自己家着火的祷告，不仅本质上卑鄙可耻，而且毫无效果。房子已经着火了，再殷勤清晰的祷告也不会影响到到底是哪家的房子着火这个事实。

第七章　从身边环境中寻找度过磨难的力量

我们可以用以上的逻辑扩展到当代的一些具体的情况。一位高中毕业生在接到某大学招生办的信的时候，不该这样祷告："神啊，求求你让这是一封录取通知。"一位等待体检报告结果的病人不该这样祷告："神啊，求你让一切都顺利。"《塔木德经》中提到的那位怀孕的妇女以及房子着火这两个例子，事情已经发生了，我们不能求神重写过去。

像我们前面提到的，我们也不能求神按我们自己的意愿改变自然的规律，让重大的灾难变得不那么严重或改变不治之症的性质。有时奇迹的确会发生，恶疾顽症可能会突然消失，患不治之症的病人得到康复，百思不解的医生因此就把一切归功于神。在这种情况下，我们能做的就是回应那位医生不知所措的感激之情。我们不知道为什么有些人从疾病中神奇地恢复过来，另外一些人却死了或瘫了。我们不知道为什么在一场车祸或飞机失事中有些人死了，坐在他们边上的人却走出来，身上只是擦破了点皮或者只是留下点疤痕。我不相信神只听某些人的祷告却不听另外一些人的，完全找不出任何可识别的规律和原因解释他为什么这样做。没有任何研究可以通过追究活着的和死去的人以前的生命迹象来帮助我们了解到底该怎样祷告我们才能赢得神的宽待。

当奇迹出现，人能奇迹般地活下来，我们得到最好的建议就是赶紧低下头感谢有这样的奇迹出现，而不可把这一切归功于我们的祷告。下次再努力的时候，我们可能会纳闷为什么这次祷告不灵了。

我们该回避的另外一种类型的祷告是让别人受到伤害。祷告，跟宗教作为整体一样，为的是让我们的灵魂提升，而不该是服务于卑鄙、嫉妒以及陷害他人。有一个故事讲到有两位商店的店主，他们俩彼此仇视对方并常口出恶言。这两个商店中间隔着一条街，他们俩每天都花时间坐在门口数对方的买卖，一旦自己店里来了客人，就用胜利者的笑容来嘲笑对方。有一天，有一位天使在梦中来到其中一位店主的家，跟他说："神派我来告诉你，他愿意让你要什么有什么，但我得跟你说，你无论要什么，你街

◀ 第七章　从身边环境中寻找度过磨难的力量

对面的对手都能得到两份的祝福。你想要富有吗？你可以变得很富有，但你的对手有你两倍那样富有。想要健康长寿吗？你可以得到，但他的命会更长更健康。想要出名吗？想要让你的孩子光宗耀祖，满足你的愿望吗？但你无论得到什么，他都会得双份。"这下这个男人眉头紧锁，想了一想说："好吧，我的祈求是让我一只眼瞎了。"

我们也不能在祷告中求上帝做我们能力范围以内的事情，这样我们自己就什么也不做了。有一位当代的神学家这样写道：

>　　我们不能单单祷告：神啊，求你结束战争
>
>　　因为我们知道你所造世界本该如此
>
>　　人类必须自己找寻和平之路
>
>　　从内心深处、从周遭的环境中
>
>　　我们不能单单祷告：神啊，求你结束饥荒
>
>　　因为你已经给我们资源
>
>　　足以喂养整个世界

当你遇到创伤时 ▶

只要我们运用智慧合理使用

我们不能单单祷告：神啊，求你消除偏见

因为你早就赐予我们双眼

去看世界的美善，只要我们明眸善睐

我们不能单单祷告：神啊，求你终止绝望

因为你早就赐予我们力量

来消灭贫困、赐人希望

只要我们公正使用，恰如其分

我们不能单单祷告：神啊，求你扫除疾病

因为你早就赐予我们聪明才智

寻求良药，治病救人

只要我们人尽其才，心尽其智

因此我们反要向你祷告：神啊

求赐力量、决心，还有意志

积极行动，而不仅祷告

创造美好，而不仅祈愿

（捷克·里梅尔《欢愉的安息日》）

◀ 第七章　从身边环境中寻找度过磨难的力量

如果我们不能为不能实现的事情祷告，也不能为不寻常的事祷告，我们不能出于复仇的心态祷告或不负责任地祷告，求神为我们做事，那剩下来的还有什么值得祷告？祷告对我们来说还有什么意义？我们受到伤害时祷告能帮助我们什么呢？

祷告的第一作用就是把我们跟其他人连起来，那些跟我们有同样忧虑、价值观、梦想以及痛苦的人。19世纪末20世纪初，社会学这门学科的创始人之一是名为埃米尔·涂尔干的法国人。作为一位犹太教拉比的孙子，涂尔干的兴趣在于研究社会在塑造一个人的信仰与伦理观中所扮演的角色。他多年在南太平洋岛屿研究当地土著的信仰①，以探寻在祷告书籍和职业宗教职位形成之前宗教的形式。他于1922年发表他的重要著作《宗教生活的基本形式》，书中他提出宗教的最原始目的和它的最初水平不

---

① 涂尔干并未去南太平洋岛屿进行多年田野研究，而是使用了其他学者的田野研究文献。——译者

是为了让人与神接触，而是让人与人之间有连接。宗教仪式让人学习如何与邻舍共同体验生与死、孩子婚嫁与父母离世。有一些仪式是有关耕种和收获的，还有是在冬至和春分之时的。这样，一个社区里的人就能分享生命中最大的快乐和分担最可怕的时刻。任何人都不必独自面对这一切。

我认为今天这仍然是宗教里做得最好的一面。即使那些平日不讲究礼仪的人也会更愿意在结婚时选择传统的婚礼，有朋友和邻居在场，讲一些熟悉的话，举行一些熟悉的仪式，即使其合法性跟私底下由证婚人主持的婚礼没有分别。我们得要跟他人分享我们的快乐，我们更需要跟别人分享我们的恐惧与悲哀。犹太传统中有"服丧周"，就是在亲人死后有一周的纪念活动，如同基督徒的追思或瞻仰，这些活动都是因为人有这样的需要才形成的。当我们极度孤独，被命运之手选中，当我们想要爬到一个黑暗的角落里自怨自艾时，我们被提醒我们是属于一个社区的，我们周围有人在意我们，我们仍属于生命之泉。在这一点

第七章　从身边环境中寻找度过磨难的力量

上，宗教规划我们做什么，强迫我们与他人同处，邀请别人进入我们的生活。

很多时候，当家中刚有人去世，在还没有行葬礼之前我去探访这个家庭的时候，总有人问我："我们真的要守七日的丧吗？有必要让几乎所有人挤到我们家的客厅里来吗？我们能不能对他们说不要来了呢？"我的回答是："不，请别人来到你的家中、进入你的哀悼中，这是你现在最需要的东西。你需要跟其他人在一起，跟他们讲话，让别人来安慰你。你得有人不断提醒你你还活着，你是这个世界的一部分。"

犹太葬礼中有一个最好的传统，即吊唁食。从葬礼回来，哀悼的人不为自己准备食物也不招待他人，其他人为哀悼的人准备食物，代表他周围的人能够帮助他支撑得住并填补他世界里的空白。

当哀悼的人参加葬礼，诵读对死者祈祷的赞美诗《珈底什》的时候，祈祷祝福会要延续一年，让人感受到这个会堂对他的支持和同情。他也能看到并且听到其他人的哀悼，仿佛与他同哀悼，这样他就不会觉得自己是唯一不幸的人。他能从他人的在场中得到安慰，也能由于自己被整个社区接纳和关怀而得到慰藉，不至于自惭形秽，觉得自己一定做了在神眼中不该做的事而得到惩罚。

在本章开始，我讲到的那件事，说的是有一位陌生人给我打电话让我为他的母亲祷告，他母亲很快要有一个手术。我为什么会同意呢，如果我不相信我的祷告（或他自己的祷告）能让神对手术的结果产生影响的话？我同意那样做，就意味着对他说："我听到了你对你母亲的担忧，我明白你很忧虑也很害怕手术中可能会发生什么事。我想让你知道我和你所在的社区邻居在分担你的忧虑。我们跟你同在，尽管我们彼此不认识，因为我们可以想象若我们身处你的境地，我们会需要所有能得到的帮助，我们跟你一起期待和祷告，让事情有好转，这样你就不必觉得你是在独自面对一个可怕的处境。如果这能让你还有你的母亲知道我们关心她，盼她早日康复，我可以告诉你的确我们是这样做的。我坚信有人在乎你能改变一个人的健康

第七章　从身边环境中寻找度过磨难的力量

状况。"

祷告,如果方法得当,能使人不再感到孤单。它能确保人不感到孤独和被抛弃,让人感到自己是一个大的现实中的一分子,比任何一个单独的个体更有深度、有希望、有勇气,更有未来。一个人去参加宗教礼拜、诵读传统的祷告词,不是为了寻找神（他可以在其他很多场合找到神）,而是为了找到一群会众,找到能跟你交流对你来说最重要的东西。从这一点来看,祷告本身能帮助人,不管祷告是否能改变你以外的世界。

有一位非常出色的小说家哈瑞·格登曾在他的一部小说中阐述了一个观点。他年轻的时候,有一次他问他的父亲:"如果你不信神,你干吗定期去会堂呢?"他父亲回答说:"犹太人去会堂抱有各种各样的目的。我的朋友高纷柯是一个正统的犹太教教徒,他去那里是为了跟神讲话,我去那里是为了跟高纷柯讲话。"

但这只是部分回答了我们的问题"祷告有什么好处呢",而且是不太重要的那部分。除了让我们跟其他人相连接，祷告让我们与神相连。我没把握我说的祷告让人与神相连是很多人理解的那种，像一个乞丐一样向神祈求，让神帮忙，或者是像顾客一样拿出购物单，问他是什么价。祷告主要不是为了让神改变什么。如果我们明白祷告能做什么和应该怎样祷告，并且除去一些不切实际的期望的话，我们就能在最需要的时候，更好地向神进行祷告。

我们来对比一下《圣经》中的两个祷告，由同一个人发出的祷告，几乎是在相同的境地下，相差只有二十年，都是出现在《创世记》记载一个家族生活的一连串故事中。

在第二十八章中，雅各是一位年轻人，第一次离家出走。他离开父母的家，刚刚跟哥哥和父亲吵了一架，徒步行走在哈兰之地去投奔他的母舅拉班。他又恐惧又没有经验，对自己刚刚在家中所做的感到羞愧，也不知道今后在拉班家等待他的是什么。他祷告说："神若与我同在，在我所行的路上保佑我，又给我食物吃、衣服穿，使我平平安安地回到我母舅的家，我就必以耶和华为我的神。我所

第七章 从身边环境中寻找度过磨难的力量

立为柱子的石头也必作神的殿,凡你所赐给我的,我必将十分之一献给你。"雅各在这里的祷告很像一位充满恐惧的年轻人,准备要做一件艰难的事,但不清楚自己能不能做,他认为他可以"贿赂"神,好让一切都对他有利。他打算让神觉得划算,可以保佑他昌盛,他显然相信可以赢得神的欢心,神的保佑是可以通过许愿、行善以及完全的敬拜得到的。他的态度就跟今天很多人在面临疾病和不幸时所采取的态度是一样的,表达为以下的方式:"恳求神,请让此事成就,我就做你让我做的一切。我保证不说谎,我会经常去参加聚会崇拜——你说吧,只要你给我这一样,我做什么都行。"当我们自己没事的时候,我们可以觉察到这种态度是如此幼稚,我们用幼稚的画面来表现神。这本身没有不道德的一面,但显然是不准确的。世界不是这样行事的,神的祝福也绝不会廉价销售。

最终雅各学会了真正的祷告。《圣经》中记载他以后的人生经历,雅各在拉班家住了20年,娶了拉班的两个女儿并生养许多孩子,他努力工作并开始积累下一笔小产业。终于到了他带着妻小、牛群和羊群回家的日子，他来到在《创世记》第二十八章中记载的他当年向神祷告时的那一条河。这一次他内心同样是充满了焦虑和恐惧，跟上次一样，他要进入一个新的国家，一个不熟悉的环境。他知道第二天他得面对他的哥哥以扫，那位20年前威胁要杀他的人。这回，雅各再次祷告，但这一次因为他比20年前年长了些、也更加智慧，他的祷告跟20年前孩子般的祷告不同。在《创世记》第三十二章，雅各是这样祷告的："耶和华我祖亚伯拉罕的神，我父亲以撒的神啊，你曾对我说，回你本地本族去，我要厚待你。你向仆人所施的一切慈爱和诚实，我一点也不配得。我先前只拿着我的杖过这约旦河，如今我却成了两队了。求你救我脱离我哥哥以扫的手。因为我怕他来杀我，连妻子带儿女一同杀了。你曾说：我必定厚待你，使你的后裔如同海边的沙，多得不可胜数。"

换句话说，雅各的祷告不再是跟神来谈交易，也不是给神开一个购物单，列上各种需要，吃的、穿的、财富上

◀ 第七章　从身边环境中寻找度过磨难的力量

的，还有平安回归，等等。他已经意识到没有钱能买回神的祝福和帮助。雅各成熟的祷告是这样的："神啊，我对你没有任何抱怨，我也没有什么可以给你的。你给我的远远超出我所期待的。我现在来到你面前的唯一原因就是我需要你。我很害怕，我明天得面临巨大的难题，没有你的话，我不知道我能不能独自面对。神啊，你曾经给我理由让我能在我的生活中做点什么。如果你是当真的话，你最好现在就帮助我，因为没有你我实在是独立应付不了。"

雅各没有请神使以扫离开、削弱以扫的力量或神奇地让以扫失去记忆。雅各只是求神能让他不那么胆怯，知道有神在他的身边，这样无论第二天他面对的是什么，他都能应付，因为他不会是独自面对这一切。

这样的祷告神是会回应的。我们不能祷告求神让我们的生活什么问题都没有，这不可能实现，很可能好不到哪儿去。我们不能求神让我们自己还有所爱的人不生病，因为他不能做到。我们不能求他在我们的周围施魔法让坏事只降临在别人身上，永远不会发生在我们身上。求奇迹的人通常得不到奇迹，跟孩子为得到一辆自行车、一个好成绩或者一个男朋友祷告一样是没有效的。如果你是为能有力量和勇气面对无法应付的事情，为有尊严地记住他们所保留的而不是所失去的，这样的祷告往往是会得到回应的。祷告的人往往会发现他们获得了比他们所想象的更多的勇气和更大的力量。这一切从哪里而来呢？我愿意相信是祷告帮助他们找到力量，祷告帮助他们开发出他们以前从未有过的信心和力量。一位寡妇在她丈夫的葬礼上问我："我现在活着还有什么意义呢？"可能得需要几个星期她才能在早上醒来的时候找到活下去的理由，期待新的一天的开始。那位没了工作、自己的生意做不下去的人对我说："拉比，我又老又累，实在不能从头开始。"但他还是义无反顾地重新开始——这些人是从哪里获得的在问我问题的那天所没有的力量、希望以及乐观的情绪呢？我愿意相信他们是从关心他们的社区里获得的，他们的朋友一定让他们了解到有人在意他们，他们也知道在困难痛苦之中有神与他们同在。

◀ 第七章　从身边环境中寻找度过磨难的力量

如果我们把生活看作一场奥林匹克运动比赛，有些生活危机好比是急速赛跑，需要在极短的时间里投入最大的情绪注意力。危机一旦结束，生活又恢复常态。另外有些危机好比长跑比赛，需要在较长的一段时间里保持注意力，这往往更加困难。

我去医院探访过一些烧伤的病人，还有在事故中后背骨折的病人。最初的几天，他们会说真是万幸能活下来并内心充满自信。"我是一名战士，我一定能战胜疾病。"在最初的这几天里，亲人和朋友都在他们的身旁，支持他并挂念他们的身心健康，充满同情和关怀。然后随着日子的推延，几个星期或几个月过后，持续不断的危机开始给病人以及家属带来巨大的损失，病人变得越来越没有耐心，每天面对的都是一样的事，一切进展得非常慢。他开始生自己的气不能好得快点，也生医生的气不能找出个好办法来迅速治疗他的病。挂念丈夫肺癌的妻子发现自己变得越来越急躁没有耐心："当然了，我对他的病情很难过，但我也是一个有各种各样的需要的人，他这几年来过度工作，不顾自己的健康，现在病找上门来，他想让我放弃我自己的生活来变成他的保姆吗？"当然她也爱她的丈夫，当然她为他的病心里难过，但她可能厌倦了摆脱不掉的没有休止的折磨。她可能担心成为寡妇，她也为自己的经济前景担忧，气愤他得这样的病（特别是病可能是因为吸烟或不注意健康造成的），她彻夜失眠，忧伤至极。她也感到害怕和疲劳，表现出来的就是没有耐心和愤怒。

类似的，智力障碍儿童的父母面对的是一种长期没有快乐结局的处境。开始几年会因同情并能从孩子蹒跚学步咿呀学语中找到快乐，但很快随着孩子继续成长，跟同龄人相比越来越落后，连他们费力教的东西也记不住，就变得沮丧和气愤。然后，很可能，这些父母会感到内疚并后悔自己对孩子没有耐心，而他们的局限根本不是他们自己造成的。

这些父母从哪里得到他们所需的勇气来一天天地生活？就此而言，那位身患癌症的男人以及那位患帕金森综合征的妇女，他们是怎样获得力量和人生目的每天起来面

◀ 第七章　从身边环境中寻找度过磨难的力量

对新的一天，并且知道可能不会有一个好的结局？

我相信神是这些人的答案，也许不是以同样的方式存在。我不相信神让孩子智力落后，或选中谁得肌肉萎缩症。我相信的那位神不是一位带来问题的神，而是给我们以力量来应对问题。

当你用尽你自己的全部力量，从哪里再获取力量继续向前呢？你的耐心用尽之时，付出的耐心比其他任何人所要求的还要多，但怎么也看不到尽头的时候，你又从哪里获取耐心呢？我相信神给予我们力量、耐心与希望，在我们干枯时更新我们的精神资源。要不然，生病的人怎样才能找寻不同寻常的力量和幽默来对抗长期的疾病，除非是神不断地补充他的灵魂。一个寡妇如何能找到力量收拾生活的残局出去独自面对世界，而在她丈夫葬礼的那天，她还是那样地软弱无力？有智力落后或脑损伤的孩子的父母是怎样每天清晨爬起来担负起自己的责任？除非是他们在力不从心之时依靠神的帮助。

我们不需要哀求或贿赂神赐予我们力量、希望和耐心。我们只需要转向他，承认我们靠自己是不够的，知道能勇敢地忍受长期疾病的折磨是我们能做的一切事情中最富有人性也最富有神性的。最令我得到安慰的事情之一就是神是如此地真实，绝非由宗教领袖们塑造的，当人们向他呼求力量、希望和勇气的时候，他们往往能得到他们在祷告中所没有的力量、希望和勇气。

我还相信生病的孩子应该祷告。祷告他们能有力量承受他们非得承受的，祷告疾病和治疗不要让他们感到太痛。他们在祷告时最好能把自己的恐惧毫不羞怯地大声说出来，并且知道他们不是孤独的。神就在他们身边，即使是在夜深人静的医院里，父母必须得回家身边只有医生的时候。神就在他们身边，即使在他们病得很重连他们的朋友也不能来看他们的时候。孩子生病时最难过的恐怕要数对痛苦的恐惧以及对被遗弃的恐惧，祷告能减少对这两样的恐惧感。生病的孩子甚至可以祷告他可以奇迹般地好转，但不觉得神在审判他来判定他是不是配得到奇迹。他们要祷告，因为不祷告就意味着放弃希望数着日子挨到

◀ 第七章　从身边环境中寻找度过磨难的力量

最后。

"如果神不能把我的病治好，他还算得上好吗？谁还需要他呢？"神不想让你生病或瘸了，不是他造成这些问题，他不想让你每天忍受痛苦，但他也不能把这一切拿开。这对神来说也是太难了。那神还有什么好呢？神让有些人成为医生和护士帮助你感觉好一些，神帮助我们即使在生病和恐惧的时候勇敢起来，让我们知道我们不必独自面对我们的痛苦。

传统的说法是神给我们负担是因为他知道我们足够强壮，能支撑得住，这种说法是错误的，是命运而非神给我们带来问题。当我们努力应对这些问题的时候，我们发现自己不够强壮。我们软弱、疲倦、愤怒并且不知所措，我们开始怀疑自己是否真能熬过这些年。但当我们到了自己能力与勇气的极限的时候，没有期待的事情发生了。我们发现来自我们自身以外的鼓励，让我们知道我们不孤单，神在我们一边，我们能继续下去。

正是因此我能回答一位年轻寡妇的有关祷告有效与否

的挑战性的问题。她的丈夫死于癌症，她告诉我在他被诊断为有不治之症的时候，她为他的身体康复祷告，连她的父母、公婆，甚至邻居都参与了祷告。一位基督徒邻居在她所在的教会开始了一个祷告链，一位信奉天主教的邻居来到圣犹大，在那位肩负苦难与绝望的圣徒面前为他们代祷。为了他的缘故，各式各样的祷告以各种语言的方式在进行着，但无一奏效。他还是在预期的时间去世了，留下她和幼小的孩子，成为孤儿寡母。经历了这一切，她问我：谁还能将祷告当真呢？

我问她：祷告真的完全没有得到回应吗？你的丈夫是过世了，没有出现奇迹让他痊愈。但发生了什么呢？你的朋友和亲戚都在祷告，不管是犹太人、天主教教徒，还是基督徒。当你最孤独的时候，你发现你其实并不孤独，有很多人为你难过，与你同悲，这可不是一件小事情。他们想要跟你讲，发生在你身上的这件事不是因为你是一个坏人，这只是一件倒霉的事而且无人能助。他们想告诉你你丈夫的生命对他们来说也很重要，不仅仅是对你还有你的

第七章　从身边环境中寻找度过磨难的力量

孩子来说如此。不管在他身上发生什么，你都不会孤单。这就是他们祷告的内容，我觉得正是因为这样的祷告让结果全然不同。

"你的祷告又是怎样的呢？"我问她，"是不是没有得到应许？你所面对的本来可以轻而易举地把你的精神打垮，你所面临的处境可以让你变成一位苦毒退缩的女人，整日嫉妒你周围那些完整的家庭，全然没有办法感受到你能活下去。不管怎么说，你找到了让自己不致垮掉的力量，你能忍耐着生活下去，关注周遭的事物。正如《圣经》里的亚哥，也如任何一个人曾多多少少所面对的，你遇到可怕的事，用祷告寻求帮助，结果你变得更加坚强，能比你以前想象的更好地应对周遭。在你绝望之时，你敞开心扉祷告，结果呢？你虽没能得到避免灾难的奇迹，却发现一些聚集在你周围的人，还有来自你内心里的力量一起来帮助你渡过灾难。这本身就是祷告得到应许的一个例证。"

第八章

选择过一个更有意义的人生

从某种意义讲,我为写这本书花了15年的时间,从我第一次听到"儿童老化症"并了解它指的是什么那天开始,我就知道有一天我必须面对亚伦日渐衰老直至死亡的打击。我知道他死后我一定要写一本书,跟别人讲我们是怎样继续相信神,即便我们在这个世界深受伤害。我那时不知道这本书的书名,我也不完全明白我要写什么,但我知道扉页是给亚伦的献词。我可以在心里想象出在献词里,我会引用《圣经》里大卫王在他儿子死后所说的话:"押沙龙啊,我的儿!我真希望死的是我而不是你呀!"

亚伦去世一年半后的一天,我意识到我心中想象的章节变了。这回不再是大卫希望自己替儿子死的章节,而是在大卫早年丧子时说的一段话，我将这段话作为本书的献词：

> 大卫见臣仆彼此低声说话，就知道孩子死了，问臣仆说：孩子死了吗？他们说：死了。大卫就从地上起来，沐浴，抹膏，换了衣裳，进耶和华的殿敬拜；然后回宫，吩咐人摆饭，他便吃了。臣仆问他说：你所行的是什么意思？孩子活着的时候，你禁食哭泣；孩子死了，你反倒起来吃饭。大卫说：孩子还活着，我禁食哭泣，因为我想，或许耶和华怜恤我，使孩子不死也未可知。孩子死了，我何必禁食，我岂能使他返回呢？我必往他那里去，他却不能回我这里来。
>
> （《撒母耳记下》第十二章第十九至二十三节）

我知道到自己能写这本书的时候，已经超越了自我哀怜的状态，能面对并且接受我儿子的死。写一本让别人知

◀ 第八章 选择过一个更有意义的人生

道我是如何受到伤害的书对其他人来说没有什么好处,这本书应该是一本肯定生活的书,这本书要说的是没有一个人的生活能确保没有痛苦和失望。我们能得到的最大的应许就是我们能从我们自身之外获得力量和勇气来应付生活中的灾难和不公平。

由于亚伦的生与死,我成为一位比过去更有感受力的人,一个履职更有效的牧师,一位更有同情心的咨询员。但我会毫不犹豫地放弃以上的一切,若是我能将我的儿子换回来。如果我能进行选择,我宁愿放弃因为这一经历所获的所有的精神层面的增长和进深,只要我能回到15年前的我,那时候我只是一名平常的拉比,冷漠的咨询员,能帮助有些人但对其他人没有帮助,同时我也是一位非常聪明的儿子的父亲。但我无法选择。

我信神。但是我的信跟多年前成长过程中以及在神学院里读书时的有所不同。我认识到了神的局限,他的范畴在于他能统管自然法则以及人类本质和道德自由的演化。我不再让神对疾病、事故以及自然灾害负责,因为我知道当我让神负责这一切的时候我获得的很少,失去的却很多。我可以敬拜一位痛恨苦难却并不比我更能减少苦难的神,这总比敬拜一位不知出于什么原因让儿童痛苦并死去的神好。几年前,当"神死了"的理论盛行的时候,我记得有人在汽车后窗上贴着这样一行字:"我的神没死;为你的神死了而遗憾。"我估计我的汽车后窗上的标志会是:"我的神并不残酷,为你的神残酷而遗憾。"

神并没有造成我们的不幸。有些不幸完全是出于运气不好,有些是由坏人所致,另外一些完全是因为我们作为一个必死的人,生活在一个受自然法则限制的世界里的缘故。痛苦发生在我们身上绝不是要对我们的不良行为进行惩罚,也不是神的伟大计划中的一部分。因为灾难绝非神的意愿,当灾难击打我们的时候,我们不至于觉得受到神的伤害或出卖。我们可以转而归向他寻求他的帮助,正是因为我们可以对自己说神跟我们一样为此事愤怒。

"这是不是说我们的苦难一点意义也没有?"这一问题是对我在本书中所阐述的观点的最大挑战。如果我们知

◀ 第八章 选择过一个更有意义的人生

道事情背后的原因和目的，我们可以忍受任何痛苦和失望。但是若毫无意义，则即使是轻一些的担子对我们来说也是重不可负。在复员军人医院里身负重伤的战士比起因在篮球场上或游泳池里不小心而受同样伤的人来说，时间要好打发得多，因为他们说服自己相信他们是为正义而负伤。父母能比较容易说服自己并能更好地接受现实，如果他们知道孩子所遭受的苦难背后有某种意义。

还记得《圣经》里，《出埃及记》第三十二章中对摩西的描述吗？当他从西奈山下来，看见以色列人在拜金牛犊的时候，他将刻有十诫的石板扔下去砸得粉碎。犹太人的传说是当摩西扛着两块刻有神写的十诫的巨大石板爬下山的时候，他可以毫无困难地扛着它们，尽管石板沉重无比，山路陡峭崎岖。但当他一看见人们围着金牛犊跳舞，传说是这样讲的，石板上的字就不见了，这块石板就跟其他的没有两样。这回对摩西来说就重得难以承受了。

如果我们知道我们这样做背后的原因，任何负担我们都可以承担。如果我告诉人们他们所受的苦难是神的伟大计划中的一部分，我是不是让他们更难以面对疾病、不幸或家庭悲剧呢？

如果我说我们人生所面临的苦难毫无意义，事件发生本不出于任何美意，这样是不是能让我们更容易心甘情愿地接受这一切呢？我们可以赋予它们意义。我们可以拯救全然无情的灾难，赋予它某种意义。我们所面临的问题不是"我为什么受难？我做了什么要遭此一劫"，这是一个无法回答也毫无意义的问题。更好的问题是："不幸发生在我身上，我该怎么办？"

马丁·格雷是一位华沙犹太人区和大屠杀的幸存者，他将自己的一生写成一本书，书名是《给我所爱的人》。书中描述他是如何在经历大屠杀后重建生活，成为一位成功人士并结婚成家的。经历过集中营的恐怖，生活对他来说似乎好起来了。但突然有一天，一场森林大火吞没了他在法国南部的家，吞噬了他的妻子和孩子。格雷痛苦万分，几乎被这场新的灾难逼到濒临绝境的地步。别人建议他调查火灾的起因，但他却选择将资源和精力用于保护自

◀ 第八章 选择过一个更有意义的人生

然资源以防止未来火灾的活动上。他说,质疑或调查只能把注意力放在过去已经发生的事情上,焦点指向的是痛苦、悲伤以及责难。他想注重未来。质疑会让他攻击别人,抓住坏蛋,谴责别人为你的苦难负责,这只能令孤独的人更孤独。他得出结论,人生必须活得有意义,而不是为了对抗什么。

同样我们也得跳过对过去和痛苦的注意,不是停留在"为什么这事发生在我身上",而是问另外一个打开未来之门的问题:"现在问题已经发生了,我该怎么办?"

让我们再来引用第五章中提到的那位德国神学家多罗西·索尔的话,他质疑说:"在集中营里,神站在哪一边?凶手一边还是受害者一边?"在《痛苦》一书中,索尔指出:"关于苦难,我们能问的最重要的问题就是苦难让谁受益。是神还是魔鬼,结果是继续生存还是道德上变得麻木不仁?"索尔希望我们不要将焦点放在"灾难从何而来",而是"它能导致什么结果"。文中他提到"魔鬼的殉道者"一词,这个词的意思是什么呢?我们都很熟悉不同的宗教都很尊崇为神殉道的人，指的是那些为见证信仰不惜献身的人。通过纪念那些不惧死亡的信仰先驱，我们自己的信仰也得到加强。这些人成为为神殉道的人。

但是绝望与怀疑的势力中也有算得上烈士的人，这些人的死令其他人对神以及他的国度的信仰减弱。在奥斯威辛集中营里一位老年妇女的死或在医院病床上一位小孩的死，会让我们对神产生动摇，也很难相信世界是美好的，这样那位妇女和小孩就成了"魔鬼的殉道者"，他们的见证是对神的攻击，对道德生命的意义的挑战，而不是做正面的见证。但是（这是索尔最重要的观点）不是这些人死亡时所处的环境让他们成为或捍卫或攻击神的殉道者，而是我们对他们的死亡怎样进行反应。

生与死这一事实本身是中性的。通过我们的反应，我们将苦难赋予正面的或负面的意义。疾病、事故以及人生悲剧都可以夺去人的生命，但不一定能泯灭生命和信仰。如果我们所爱的人的死与痛苦让我们变得苦毒、嫉妒并抗拒所有的信仰，让我们无法快乐，我们就把逝者变为"魔

◀ 第八章　选择过一个更有意义的人生

鬼的殉道者"；如果我们非常亲近的人的死和苦难让我们能突破自身局限，追求力量、爱和快乐，让我们发现我们从未有过的安慰的源泉，那我们就能让逝者成为肯定而非否定生命的见证。

索尔建议，这意味着至少我们能为我们深爱的死去的人做一件事。我们无法让他们活过来，我们甚至不能明显消除痛苦，但他们死后我们能做的最重要的事就是让他们成为神和生命的见证，而不是出于我们的绝望和损失，让他们变成"魔鬼的殉道者"。逝者有赖于我们赋予他们救赎和永恒的意义。

索尔的话讲得很清楚，我们该怎样在灾难面前采取积极的行动。但神的角色在哪里呢？如果不是神让坏事发生在好人身上，他又不能阻止这样的事发生，到底神好在哪儿呢？

首先，神创造了一个好事多过坏事的世界。我们认为人生灾难痛苦不堪不仅仅是因为它们的确令人痛苦，并且这样的事很少见。大多数人大多数时间早上睁开眼睛感觉很好；大多数疾病可以得到医治；大多数飞机能安全起飞和降落；大多数时候，当我们把孩子送出去玩的时候，他们能安全地回来。事故、抢劫、手术不能治愈的肿瘤的确是打击生命的意外，但却是非常少见的意外。当你受到生命的打击的时候，可能很难不记挂在心。当你站在一件巨大的物体面前的时候，你很难做到不注意这个物体。只有向后退几步，你才可能看见旁边的物体。当我们被灾难打昏了的时候，我们只能看到和感受到灾难。唯有时间和距离能让我们从整个生命和整个世界角度看待这一灾难。犹太人有一个传统，就是哀悼者为死者祈祷时唱赞美诗。赞美诗不是关于死亡而是生命，赞美神给我们创造了一个基本上是好的、可以生存的世界。背诵这样的祷告诗，哀悼者想到的都是好的让人只得活下去的事情。否定悲剧，强调万事都是出于最好的意义，以及在整体生命的大环境里看待灾难，将眼睛定睛在让你更充实而不是让你注意你失去的是什么，这两种观点有本质的不同。

如果神既不医治也不毁灭，神如何还会在我们的生命

◀ 第八章 选择过一个更有意义的人生

里有所作为呢？正如一位19世纪哈西德派的拉比曾经说的，"人类是神的语言"。神反对癌症和先天残疾不是消除这些疾病也不是只让坏人生病（他不能如此做），而是让朋友和邻居来帮助生病的人分担痛苦，填补空虚。我们之所以能挺过亚伦生病是因为我们周围的人向我们表示他们的关怀和理解：其中包括有一位男人为亚伦定做缩小尺寸的羽毛球球拍以适合他的尺寸；一位妇女将家中祖传的一把小号小提琴送给他；有位朋友送给他有红袜队签名的棒球。一些不去理会他的身高和外表及身体上的局限跟他在后院里玩棍子球的小孩儿，还有那些从不因他特殊就让他侥幸成功的人士，这些人都是"神的语言"，神以他的方式告诉我们，我们不是孤单的不被理会的。

同样，我坚信亚伦也实现了神的目的，并非通过生病和长得怪异（神决不会无故这样做），而是能勇敢地面对疾病，面对由他的外表所引起的问题。我知道他的朋友和学校里的同学被他的勇气所感染，感受到他虽有各样的局限却仍能过充实的生活。我也知道认识我们家的人也被我们一家感动，能更好地面对他们自己生命中的困难，心中充满希望和勇气。我把这一切也归因于神感动地上的人来帮助那些需要帮助的人。

最后，有些人可能会问："如果这些事既发生在坏人身上也发生在好人身上，神有什么好？谁还需要宗教呢？"我的回答是神可能不会阻止灾难的发生，但他给我们力量和耐心来克服困难。我们要是以前从来不具备这些品质，我们哪儿来的这些品质呢？有一位46岁的生意人心脏病发作让他不得不做事慢下来，发病绝不是出于神之手，但从此这个人立志改变生活方式，不再吸烟，不那么在乎生意的拓展而开始关心家庭并花时间在家庭上，因为他的眼睛张开让他看到什么对他来说是最重要的，这一切来源于神。神不管心脏病，那是一个人因过度疲劳所产生的自然反应。但神让人自律，使之成为家庭的一部分。

让整个小镇淹没的大水不是神的作为，即使保险公司觉得用这种语言称呼它比较有用。但是人们奋起救护他人，甚至不惜冒着自己生命的危险救助陌生人，以及大水

第八章 选择过一个更有意义的人生

退却后人们立志重建家园，这些行为也是神的作为。

一个人身患癌症生命垂危的时候，我不认为神该为癌症以及他所要忍受的痛苦负责。这一切背后有其他原因。但我看到神给予这些人力量走好每一天，能因为一天充满美丽阳光和自己不那么痛而心存感激。

当原本不特别强壮的人在不幸面前变得强壮，当那些平日只想自己的人遇到危机的时候表现出大公无私并有英雄壮举，我就得问我自己他们是从哪里获得的这些连他们自己也公开承认从前所不具有的品质。我的答案是当我们忍受我们力所不及的苦难的时候，这是神帮助我们的方式之一。

生活并不公平。不该生病的人生病了，不该遭抢劫的人遭抢劫，不该死去的人在战争和车祸中丧生。有些人看到了生活的不公就决定："神根本就不存在，这世界充满混乱。"另外一些人同样看到了不公，就会问自己："我从哪里获得的这种公与不公的感觉？我从哪里产生的盛怒和愤慨，让我在报纸上读到某人被生活打击时就会本能地非常同情她？这一切是不是来自神？是不是他将一点属于神的对不公和压抑的愤怒埋在我心里，就像他对待《圣经》里的先知们那样？当我看到苦难时心生怜悯，正如当他看到他所造的人受苦时心里忧伤一样。"当我们对生活出现的不幸做出富有同情心的反应以及对于不公平事情心生义愤情绪，正是神的同情和愤怒通过我们表达出来，这也许就是神真实存在的最有效的证据。

宗教本身可以对一个苦难中的人的自我价值进行肯定，科学可以对一个人身上所发生的事情进行解释，但只有宗教能说它是悲剧。只有当宗教的声音不再让神为所发生的事负责时，他可以对深受苦难的人说："你是一个好人，你本该获得更好的，让我坐在你身边，你就不会感到孤独。"

我们中没有人能回避为什么好人遭难这一问题。早早晚晚，我们会发现我们在扮演约伯故事里的角色，也许是灾难中的主角、他家中的成员或者是约伯的安慰者。问题从未改变过，对问题答案的寻求在继续。

◀ 第八章　选择过一个更有意义的人生

我们这个时代里，有一位非常出色的诗人，名叫阿齐博尔德·马克雷斯，他用诗歌给我们呈现了一个现代版的《约伯记》，称为 JB。这首悲剧诗的前半部分是一个非常熟悉的故事，JB 是一位约伯式的人，生意成功、家庭美满，可是一个接着一个地，他的孩子都死了，他的生意破产了，他也失去了健康，终于他所在的城市以及这个世界的大部分毁于核战争。

JB 的三个朋友出现了，来安慰 JB，跟《圣经》里的故事讲的一样，他们的话与其说是安慰，不如说是自我服务。在马克雷斯的版本里，第一位安慰者是一位马克思主义者，安慰 JB 说这一切不是他的错，完全是因为他在错误的时间成为错误的经济阶层中的一员。他在资本主义即将灭亡的时代成了资本家。他要是生活在另一个世纪，就不会受到惩罚。他受难不是因他自己犯了什么罪，而是处在历史必然这一压路机的脚下。这一观点并不能让 JB 得到安慰，其观点看轻了 JB 所经历的苦难，只把它看成是某个阶级中的一员。

第二位安慰者是一位心理学家，他对 JB 说，你没有错，因为根本不存在错。现在我们了解到人为什么受苦难，我们也知道毫无选择。我们只是觉得我们能选择，其实我们只不过是依本能做出反应。我们并没有主动采取行动，而只是被动而为，所以我们不必对任何事情负责，也不必有罪恶感。

这种观点把 JB 描述成一位无辜的被动的受害者，把他人性的一面夺走了。对此，JB 回答说："我宁愿我所遭受的苦难来自神，是我在行动、在选择，也不愿意用你的玷污清白的观点来表明自己的无辜。"

第三位也是最后的安慰者是一位神职人员。当 JB 问他自己到底犯了什么罪而受此严厉惩罚时，他的回答是："你的罪很简单，你生来是一个人。你有什么错呢？人心是险恶的。你做了什么呢？人的意念充满邪恶。" JB 是一位该受到审判的罪人，不是因为他具体做了什么，而是因为他是人，人不可避免地生来就是不完美的和有罪的。JB 回答说："你的安慰最残酷，说宇宙的创造者把人给造错

◀ 第八章 选择过一个更有意义的人生

了,人是自作自受。"JB 无法转向神,向那位把人造得不完美又因此对人进行惩罚的神寻求帮助。

无法接受三位安慰者的解释,JB 转向神,正如《圣经》中,神回答了他,用他的伟大征服了 JB,运用《圣经》中的神在风中回答的原话。

到这里,马克雷斯用现代的情景讲述《圣经》中有关约伯的故事。故事的结尾却完全不同。在《圣经》里,神最终奖励约伯能忍受所有苦难,重新给他健康、财富和子女。这里的结尾部分没有来自天堂的报酬。相反,JB 回到妻子身边,他们打算继续生活下去重建家庭。他们的爱,不是神的施恩,而是用生育新的子女来平复曾失去子女的悲伤。

JB 原谅了神并向自己承诺要继续生活下去。他的妻子问他:"你想要公正,对不对?根本没有公正,只有爱。"那两位分别代表神和撒旦的叙述者困惑了,一个在生活中受尽苦难的人怎么还能渴望更多的生活呢?"谁在扮演英雄,神还是他?""是他原谅了神吗?""神得到原谅了吗？约伯是无辜的，你也许还能记得。"马克雷斯版本里的约伯回答了人类的困难这一问题，不是用神学，也不是心理学，而是选择继续生活下去并创造新的生命。他原谅了神没有创造出一个更加公平的宇宙，而采取随遇而安的态度。他决定不再寻求公平，而只是寻求爱。

剧的结尾，约伯的妻子说：

> 教堂的烛火已然燃尽，
> 天空的星辰亦不生辉，
> 吹旺心灵的炭火吧，
> 随即我们又见光明……

该诗所描述的世界是一个冷酷的没有公平的世界，他们生活中一切宝贵的东西都被毁灭了。但是，他们在这个不公平的世界上没有放弃生活，没有选择向外看，向教会和自然中寻找答案，而是选择向自己内心深处看，诉诸寻求爱的能力。"吹旺心灵的炭火"，有了这小小的亮光和

◀ 第八章　选择过一个更有意义的人生

温暖，我们就能鼓起勇气生活下去。

在格拉策编辑的《约伯的空间》一书中，马克雷斯写了一篇论文，文中解释他在约伯诗剧结尾的寓意："人类一切都依赖神，神却只依靠人类做一件事。没有人的爱，神就不再是神，而只是一个创造者，爱不是任何人甚至连神在内可以命令的。它是一个免费的礼物，或者什么也不是。当它不顾痛苦、不公平甚至死亡而被奉献出来的时候，它就最能显示它本身的价值，最自由的价值。"

我们爱神不是因为他是完美的，我们爱他也不是因为他能保护我们脱离各样伤害，不让坏事发生在我们身上。我们爱他不是因为我们怕他，我们爱他是因为他是神，他是我们周围所有魅力和秩序的创造者，我们力量和希望的源泉，在我们需要他时他就出现。我们爱他是因为他是我们自己以及这个世界最好的那部分。这就是爱的意义。爱不是对完美的羡慕，而是能接受一个不完美的人所有的不完美，因为爱和接受一个人让我们变得更好、更强壮。

对于为什么坏事会发生在好人身上这个问题有没有答

案呢？这取决于我们对"答案"是怎样理解的。如果我们理解成"有没有一个能将一切都解释清楚的答案"——为什么世界上有癌症？为什么我父亲得癌症？为什么飞机失事？为什么我的孩子生病？那么可能没有一个令人满意的答案。我们可以事后解释，但最终，当我们能够填补方块游戏的所有方块，并为我们自己的聪明洋洋自得的时候，我们内心中的那种苦痛以及不公感没有消失。

但是"答案"一词除了有解释的意义以外，还有"反应"的意思，从某种意义上讲，"反应"能为我们生活中遇到的灾难提供更令人满意的答案。这种反应即是马克雷斯版圣经故事中约伯的反应——原谅这个世界是不完美的，主动走出去接触周围的人，尽管经历这一切，仍然继续生活下去。

最后，为什么好人遭殃这个问题自身也可以演化成更多的问题，不再仅仅是为什么发生这样一个问题，也包括我们该如何反应，今后再出现类似事情我们该怎么办。

你能在爱中原谅并且接纳这样一个世界吗，它因为不

◀ 第八章　选择过一个更有意义的人生

完美而曾让你失望，其中存在诸多不公和残忍、疾病和罪恶、地震和事故？你能原谅它的不完美而且爱这个世界吗，因为它能容纳伟大的美丽和善良，因为它是我们赖以生存的唯一世界？

你能原谅并且去爱你周围的人，哪怕他们曾因不够完美而令你伤心？你能原谅并且爱他们吗，因为你的周围就没有完美的人，因为不能爱一个不完美的人的代价就是让人陷入孤独？

你能原谅并爱神，即使当你发现他并不是完美的，甚至他令你伤心，使你失望，容忍在他的世界里有坏运气、疾病以及残酷，并容忍有些坏事发生在你身上？你能像约伯一样学着爱他并原谅他，尽管他是有限的，正如你曾经学着原谅和爱你的父母，尽管他们不是那样的智慧、坚强、做到你所需要的那样完美？

如果你能做到以上几点，你能否意识到原谅的能力以及爱的能力，正是神给我们的武器，它让我们在这个不是那样完美的世界里过一个更充实、更勇敢以及更有意义的人生？

后　记

　　从构思到成书是一个漫长而复杂的过程。在我的努力中，有很多人给予我不同的帮助。绍肯出版社的萨缪尔森是位鼎力相助的编辑，他自始至终的热情，使我持续的写作和修改变得容易，他的修改意见让我受益良多。我在纽约大颈地区以及麻省纳提克地区侍奉过的两个会堂的成员，听我的讲道，与我交流他们的问题，并同我们家一起分担亚伦的生与死的悲伤，不容置疑他们对这本书的形成有一份突出的贡献。虽然这本书中提到过的很多例子来源于我做拉比时的亲身经历，但是它们都是对我所认识的人的综合，而没有一例是直接涉及某个具体的人的经历，以

◀ 后　记

防暴露别人的隐私。我一些很要好的朋友在本书成型的不同阶段读了这本书，我很感谢他们对我提出的宝贵建议和意见。贡献最大也是我最想感激的是我的妻子舒泽特以及我的女儿艾瑞尔，她们比其他任何人都更亲密地分担了亚伦的生死之痛。我的回忆就是她们的回忆，我祈求我所能得到的安慰也能成为她们的安慰。

图书在版编目（CIP）数据

当你遇到创伤时/（美）哈罗德•库什纳（Harold S. Kushner）著；牛卫华译. —北京：华夏出版社有限公司，2021.8（2022.9重印）

书名原文：When Bad Things Happen to Good People

ISBN 978-7-5080-9079-5

Ⅰ．①当… Ⅱ．①哈… ②牛… Ⅲ．①人生哲学－通俗读物 Ⅳ．①B821-49

中国版本图书馆CIP数据核字(2021)第084829号

When Bad Things Happen to Good People by Harold S. Kushner
Copyright © 1981 by Harold S. Kushner.
This translation published by arrangement with Schocken Books, a division of Random House, Inc.
Simplified Chinese copyright © Huaxia Publishing House Co., Ltd.
All rights reserved.

版权所有，翻印必究。

北京市版权局著作权合同登记号：图字01- 2009-2296 号

当你遇到创伤时

著　者	[美]哈罗德·库什纳
译　者	牛卫华
策划编辑	朱　悦　卢莎莎
责任编辑	朱　悦　卢莎莎
版权统筹	曾方圆
责任印制	刘　洋
装帧设计	殷丽云
出版发行	华夏出版社有限公司
经　销	新华书店
印　刷	北京汇林印务有限公司
装　订	北京汇林印务有限公司
版　次	2021年8月北京第1版　2022年9月北京第2次印刷
开　本	880×1230　1/32开
印　张	7.25
字　数	99千字
定　价	69.80元

华夏出版社有限公司 　地址：北京市东直门外香河园北里4号　邮编：100028
网址：www.hxph.com.cn　电话：（010）64663331（转）

若发现本版图书有印装质量问题，请与我社营销中心联系调换。